非線形とは何か

非線形とは何か
複雑系への挑戦

吉田善章

岩波書店

まえがき

　近代科学は，厳密性を確立する代償として現実世界の複雑性を捨象し，単純化あるいは理想化された架空の世界へと傾斜してきた．その結果生じた学問と現実との乖離に対する反省は，厳密科学の理論にリアリティーの再生を求める．はたして理論は現実世界の複雑性を記述し分析することができるのか？
　科学は〈明証性〉を追求するものである．ガリレイによって数学の地平に据えられた自然科学(物理学)は，数学的論理の上で明証性を確立しようとしてきた．科学と数学は，本来たがいに異なる動機をもつものだが，それぞれの流れは歴史の中で幾度となく交叉し，美しい知の体系を織りあげてきた．厳密科学の中心には常に数学的論理がある．数学の言葉なくして科学の法則を表現することはできない．逆に，現実世界に向けられた科学の興味なくして数学的知性を刺激することは難しいであろう．
　しかし他方で，数学化された法則科学に対するさまざまな批判が巻きあがっている．科学は技術に接近することで生活圏に入り込み，さらに技術的合理主義という形で精神や政治の世界に浸透してきた．その負の側面として人間的意味の喪失，人類に未曾有の災難を及ぼす抗争や環境破壊が引き起こされたというのである．このような批判の根底にあるのは，いわば冷たい機械を支配しているのと同じ原理がすべての現象を説明するという単純化された世界観に対する異議の申し立てである．
　ここで明らかになるのは，物理学や数学のさまざまな理論が，甚だ不適当なメタファーとなって拡散し，それらが逆に機械論的野蛮だとして批判を受けることになったということである．実は，ガリレイからニュートンを経て発展してきた物理学の理論は，天体の周期的運動に代表されるいくつかの規則的運動を説明することはできたけれど，〈カオス〉と呼ばれる複雑な運動については，悪戦苦闘を続けている．数学の地平に展開してきた法則科学の理論が，何を

理解し，どこまで視界を広げてきたのか，その限界は何であるのか，まずこれらのことを正確に理解する必要がある．「複雑性」を捨象するのではなく，その原因と困難を明らかにするという科学の挑戦は，そこから始まるのである．同時に，今度は「複雑系の科学」という新たな科学的レトリックが氾濫する中で，その妥当性を反省する必要があるだろう．

複雑系の深層には「非線形という数学的構造」がある——これが本書の主題である．ある範囲で厳密な法則でも，それを無制限に拡大・延長して適用することはできない．変数(パラメタ)の「大きさ」によって法則が変化する．これが非線形ということの意味である．たとえば，リンゴ1個が70円とするとき，5個でいくらか？ 子供はこれを⟨比例関係⟩にしたがって計算して350円と答えるように教わる．しかし，このリンゴを5万個買うといくらかという問題に対して，350万円という答えは算数として正しくても，現実の経済において正しいとはいえない．リンゴの数という変数の大きさによって，価格計算の法則を変えなくてはならない．このことから現実の複雑さが生まれる．比例関係をグラフで表すと直線であるから，これに代表される法則を線形という．これに対して非線形とは，比例関係という単純な原理が壊されることであり，そこから複雑さが生まれると考えるのである．

非線形という概念は「否定形」で与えられている．具体的な特徴を規定する「指示的」な言葉ではなく，線形に対立させた「指差的」な言葉である．線形の対立項としての非線形は，漠然とした領域として無限に広がっていて，具体的な枠組みに縛られない．したがって「非線形という数学的構造」というとき，あらかじめ規定された構造があって理論の枠組みを支配するという意味ではなく，無限に展開する線形との差異を問題にしている．私たちは，線形理論の構造を批判的に分析し，その限界を明示することで，非線形(そして線形)ということの意味を，より具体的で精密なものにしようとしている．その議論の渦中で，線形理論が置き去りにしてきた「複雑性」が科学の地平に復活するだろう．

本書は，科学一般に広い関心をもつ読者を想定して書かれたものである．非線形とは何であるかを「具体的」に理解できる書となることを目的としている．非線形というのは数学的な概念であるから，ただ「非線形現象」と呼ばれ

るものを羅列しても，非線形とは何かが理解できたという満足は得られないだろう．したがって，非線形をめぐる数学的な考察を避けて通るつもりはない．ここで「具体的」というのは「理論のありさま」を具体的に示すことである．なによりも，理論の「構造」を分析する必要がある．これは，数学的な記号世界で展開する計算に対して，その意味を丹念に読み解くという作業である．

　本書では，技術的に込み入った内容にまで踏み込むことはできない．しかし，現代科学の最前線にある問題にアプローチするヒントを与えたいので，ノートという形で補遺を試みた．また，発展的に勉強するための書物を巻末にあげたので，参考にされたい．

　本書の構想について岩波書店の吉田宇一さんと議論を始めてから5年ほどの時が過ぎた．その間，二度にわたって原稿を全面的に書き直した．「非線形とは何か」という問いに，著者自身が苦闘したためである．これにひとつの答えを提示できたのは，多くの学兄，学友のおかげである．とりわけ社会学の似田貝香門氏，地球科学の鳥海光弘氏をはじめとして国際高等研究所で研究会をおこなったさまざまな分野の人々から多くを学んだ．心から感謝の意を表したい．また長年の共同研究者であるS.マハジャン氏，そして筆者の研究室のメンバーに感謝したい．

2007年12月

吉田善章

目　次

まえがき

1　非線形とは … 1

1.1　自然と科学 … 1
1.1.1　苛まれた自然　2
1.1.2　シンドローム　5
1.1.3　対立と脱構築　6

1.2　スケールをもつ現象，そのための理論 … 8
1.2.1　科学の革命とスケール　8
1.2.2　スケールの数学的認識　9

1.3　線形理論の領野 … 13
1.3.1　数理科学の地平——線形空間　13
1.3.2　法則の幾何学化　18
1.3.3　指数法則　23

1.4　非線形——その現象と構造 … 27
1.4.1　非線形現象　27
1.4.2　「歪み」の類型　29
1.4.3　小さなところで発現する非線形性——特異点　31
1.4.4　線形性を免れて発現する非線形性——臨界点　33
1.4.5　分岐(多価性)と不連続変化　35

第1章のノート　38

目　次

2　規則性からカオスの深淵へ……………………………43

2.1　秩序を読み解く——幾何学化された自然……………43
- 2.1.1　ガリレイの自然観　43
- 2.1.2　事象の幾何学化——その任意性と見え方　45
- 2.1.3　ニュートンが見出した普遍性　47

2.2　関数——秩序の数学的表現……………………………51
- 2.2.1　運動と関数　51
- 2.2.2　非線形の世界へ　53
- 2.2.3　関数で表現できない運動　56

2.3　分解によって現れる秩序……………………………57
- 2.3.1　因果関係の数学的表現　57
- 2.3.2　指数法則——群の基本形　60
- 2.3.3　共鳴——分離できない運動　62
- 2.3.4　非線形力学——相互作用の無限連鎖　65
- 2.3.5　カオス——無限周期の運動　67
- 2.3.6　切断の可能性／不可能性　70

2.4　変動の中で変わらぬもの……………………………76
- 2.4.1　保存量と秩序　76
- 2.4.2　カオス——真の動態　82
- 2.4.3　集団的な秩序　83
- 2.4.4　完全解——秩序を表現する空間　87
- 2.4.5　「無限」という落とし穴　89

2.5　対称性と保存則………………………………………90
- 2.5.1　対称性とは　90
- 2.5.2　運動の深層構造　92
- 2.5.3　「動」から「静」への翻訳　97
- 2.5.4　カオス——分解の不可能性　100

第2章のノート　104

目　次

3　複雑系に向きあう科学 …………………………………………… 113

3.1　予測困難な現象 ……………………………………………… 113

3.1.1　現象としてのカオス　113
3.1.2　安定性　114
3.1.3　アトラクター　118
3.1.4　リアプノフ指数と可積分性との関係　120

3.2　ランダム（不規則）という仮説 …………………………… 124

3.2.1　確率過程　124
3.2.2　推移確率によって表現される運動　126
3.2.3　H定理　129
3.2.4　統計的な平衡状態　132
3.2.5　少数の保存量で描く法則　135

3.3　集団現象 ……………………………………………………… 137

3.3.1　非平衡を理解するために　137
3.3.2　集団運動のモデル　139
3.3.3　確率的な揺らぎをもつマクロモデル　144

第3章のノート　147

4　ミクロとマクロの連接 …………………………………………… 155

4.1　構造とは何か ………………………………………………… 155

4.1.1　階層を縦断する現象　155
4.1.2　階層の連関と構造　157

4.2　トポロジー——差異を見定めるための体系 ……………… 159

4.2.1　トポロジーとは　159
4.2.2　スケールの階層とトポロジー　161
4.2.3　フラクタル——スケールの凝縮体　162

4.3　現象のスケール／法則のスケール ………………………… 165

4.3.1　法則の記述とスケールの選択　165
4.3.2　階層の分離　169

目　次

　　4.3.3　スケールを選ぶ自然
　　　　　　──そのメカニズムとしての非線形　172
　　4.3.4　特異点──スケールをめぐる現象と法則の齟齬　174

4.4　階層の連関と複雑性 …………………………………………… 176
　　4.4.1　複雑性──見方によって見え方が違う構造　176
　　4.4.2　特異摂動　178
　　4.4.3　階層の連関と非線形性　181
　　4.4.4　非線形性と特異摂動の協働
　　　　　　──その二つのありかた　184

第4章のノート　189

参考文献 ……………………………………………………………… 197
索　引 ………………………………………………………………… 199

人物イラスト＝村井宗二

1 非線形とは

〈非線形〉という言葉は〈線形〉と対立するものを指す．それ自身の特性を積極的に定義するのではなく，「非」という接頭辞によって，線形と対立措定された概念だ．したがって，そのままでは具体的な内容をもたない．それにもかかわらず〈非線形〉がひとつの領野あるいは方向を指し示す力強いキーワードとなり得るのは，〈線形〉に対する批判が諸科学に強い動機を与えるからである．ここでは，まず非線形という数学的構造が科学においてどのような意味をもつのかを概観し，本書の導入としよう．

1.1 自然と科学

もともと人類にとって「自然」は偉大にして気まぐれな存在であった．さまざまに偶像化された自然の姿は，人をもてあそぶ神あるいは怪物だ．恐ろしいのは，その絶大なエネルギーと，予測できない振る舞いである．

しかし，近代にいたって人類の自然観は大きく変質する．近代科学によって「解剖」された自然は，その本質において調和であり，数学的な論理性に貫かれ，うまくすればいろいろ役に立つと考えられるようになった．つまり，自然の中の予測可能な(あるいは再現可能な)部分を腑分けして培養し始めたのである．ここで予測といったのは，時間的な未来予測だけではない．さまざまな因果関係を知るということだ．たとえば，この病気にはあの薬草が効くといったような経験知から始まり，薬草の成分分析を通じて薬効をもつ物質が突き止められ，さらには効果が現れる仕組みが分子レベルで解明される．このように，科学の知は普遍性あるいは原理に向かって，ますます深化しようとしている．

だが，本当に，科学は自然を予測可能な領域のなかに飼いならすことができるのか？

1.1.1 苛まれた自然

現実世界の事物は，複雑に連動する多数の〈要素(エレメント)〉が結合した〈系(システム)〉である．そのままでは分析することが難しいので，まず要素に分割して，各要素の特性を理解することから始めるべきである．デカルト(René Descartes; 1596-1650)は『方法序説』のなかで，科学が明証的であるための方法論的前提を述べ，そこで〈要素還元〉という考え方を示している[*1]．〈還元〉とは，直接的に操作可能なものに置き換えることを意味する哲学用語だ．要素還元は，複雑な系を構成する要素を現実世界から「切り離して」それぞれについて，さまざまな実験的あるいは理論的な操作による厳密な分析ができるようにするという科学の戦略である．

自然から要素を切り離すという作業——すなわち〈切断〉——は，実験においては「実験装置」という特殊な空間を作ることを，理論においては「モデル化」を意味する．実験家の仕事は，自然を苛むようにして，要素を現実世界から〈切断〉することだ[*2]．実験装置という隔離された空間には，いくつかの能動的な調節装置が用意されていて，これらを操作しながら要素の応答を観察し，その特性を分析することができる．無限に広がる宇宙との結合を失った要素は，装置の思うがままに反応する．こうした実験によって蓋然性が確立されたとき，要素還元が完成するのである．

理論におけるモデル化も〈切断〉という概念操作から出発していることを述べておく必要があるだろう．たとえば，物理学で1つの物体の運動を論ずるとき，その「物体」とは，宇宙から切りとられ，その内的な特性が捨象され

[*1] R. デカルト，『方法序説・第2部』，デカルト著作集 [1](三宅徳嘉，小池健男他訳)，白水社，2001.

[*2] ベーコン(Francis Bacon; 1561-1626)は，「自然の下僕であり解明者である人間」と述べつつも，実験的方法によって〈イドラ(幻像)〉を排除するためには，自由で縛られない自然(natura libera)の誌を作成するだけでは足りず，自然を苛み(natura vexata)事物の本性を読み取らねばならないとする．F. ベーコン，『ノヴム・オルガヌム(新機関)』(桂寿一訳)，岩波文庫，1978.

た，抽象的な〈モデル〉である．このモデル（質点と呼ばれる）を記述するのに必要な概念は，物体の質量と重心点の空間的な位置，そして時間だけだ．ガリレイ（Galileo Galilei; 1564-1642）の有名な学説は，次のように主張する：重いものでも軽いものでも「理想的には」同じ速度で落下する．ここで「理想的には」というのは，物体と空気との相互作用を無視するという意味である．ガリレイが想定した落下する物質のモデルとは，実験的には真空装置の中におか

図1.1　デカルト．『方法序説』に代表される著作によって，科学の明証性を定義づけようとした．要素還元の概念はデカルトによって明確なテーゼとなり，近代科学の指導原理となった．

れた物体に相当する．だが，現実世界では石と鳥の羽の落下は違うわけであり，その違いを，ガリレイが捨象した空気の抵抗を考慮して正確に予測することは，最大級の計算機を使っても未だ不可能な課題である．これほど難しい問題を「理想的には」という言葉で一挙に単純化しているのだ[*3]．

　ここに，科学の言説の危うさが看て取れる．切断された要素，解剖された自然を理解することと，現実世界の諸問題とはいかに遠いものであるか．私たちが知りえること，制御できるものは，ほんの小さな〈エレメント〉の微かな動きだけだ．1つのりんご，1つの惑星，一群の生物種，ある領域の気象といったように，あたかもカメラのフレームで切り取られた，宇宙の中の小さな部分を記述しようとしている．このとき，関心を向けた領域とその外部は「切断」されている．科学によって語られてきたのは，断片化された自然に過ぎない．自然を苛む過程で，科学が忘れてしまった（いや周到な理屈で周辺化してきた）私たちの原初的な自然観——予測不可能で無限に多様な自然——これを回復するためには，切断・分解とは逆の概念操作，すなわち連関・合成に関する科学の感性を磨かなくてはならない．

　分解／合成の「可逆性」を，単純さの極限で探求するのが〈線形理論〉であ

[*3] もちろん，ガリレイは実際に真空装置で実験したわけではない．ものによって落下速度が違うのは，空気による抵抗のためだと考え，大きさと形状が同じ金属製の玉と木製の玉を使って実験したのである．

る．線形とは〈比例関係〉の一般化＝高次元化である（比例関係のグラフが直線で表されることから〈線形(linear)〉という言葉が用いられる）．比例関係は，2つのパラメタ（変数）の間に措定される最も平明な関係だ（第 1.2 節参照）．たとえば，みかん 1 個が 30 円であるとき，5 個なら 150 円と計算する．ある回路に 1 V の電圧をかけたとき電流が 0.1 A 流れたとすると，10 V の電圧をかけたら電流は 1 A 流れると推論する．このように，まず比例関係が成り立つと考えるのは自然な予測である．比例関係の数学的な特徴は，複数のパラメタ間の関係へ一般化できる（第 1.3 節参照）．複数のパラメタで構成される変数を〈ベクトル〉という．ベクトルという言葉を最初に学ぶのは，物理で〈力〉の分解／合成を教わるときだろう．ベクトル——しばしば〈矢印〉によって幾何学的に表象される——は，〈平行四辺形〉を使った幾何学的操作で分解／合成できる．この作図法は，ベクトルを 2 つの〈辺〉の方向へ比例配分するという意味であり，この操作を繰り返せば，3 次元の空間の中でも，あるいはもっと高次元の空間の中でもベクトルを分解／合成できる．

　科学の目は，その関心を向けた事象を〈パラメタ化〉することによって〈ベクトル〉に還元しようとする．事象は〈ベクトル＝矢印〉という幾何学的オブジェクトに変換されて，〈ベクトル空間〉（あるいは〈線形空間〉ともいう）の中に写しとられるのである．この「空間」には〈線形〉という基本構造が，そこに置かれるべきオブジェクトを予見して——すなわちベクトルの分解／合成を可能とする公理体系として（第 1.3.1 項）——すでに仕組まれている．このために，〈線形＝一般化された比例関係〉という「法則」が「空間」の枠組みと一体化する．線形法則の「真直ぐなグラフ」は，それ自体が「部分空間」となるのだ[*4]．

　しかし，線形理論が提示する「分解／合成が自在な事象＝線形法則によって構造化された空間」という理論と，私たちの生活世界の空間認識——空間の中で展開する諸現象の予測不可能性，多様性，切断・分解／連関・合成の不可逆性——との間には根本的なずれがある．この乖離は，どこから始まるのだろうか？

[*4] いわゆる〈固有値問題〉を解くことで，法則が最も単純な形で表現される空間の表現（最適な基底の選択）をみつけることができる．法則自体によって空間を構造化するという線形理論の中心的な戦略については第 2.3 節で詳しく述べる．

1.1.2 シンドローム

　シンドローム(症候群；syndrome)という医学用語がある．人体は，固有の機能をもつ多数の器官が協働する複雑システムである．あるひとつの器官が少し不調であるという場合には，投薬で機能を修正するとか，外科手術で小さな部分を除去するとかの処置で病を治療することができるだろう．しかし，大きな不具合が起きている場合には，複数の器官が連鎖的な障害を起こし，ある部分を修復しても他のところが不調になるという事態に陥り，システム全体を健全な状態へ戻すことが困難になる．このような現象をシンドロームという．

　この医学用語は，制御できていたはずのものが予測不可能な振る舞いをはじめることを表すレトリックとして，いろいろな現象に対して使われる．現代は，自然に対して人間が付け加えた複雑な人工物であふれている．たとえば原子力発電所は，原子核反応の制御システム，冷却水の循環システム，蒸気発生器とタービン発電システム，送電・電力ネットワークシステム，そして運転員が連結して構成される巨大なシステムである．この中で生まれる「揺らぎ」が，運転員のエラーを介して増幅し，ついには炉心の熔解にまでいたるということが，実際に旧ソビエトのチェルノブイリ原子力発電所で起きた(1986年)．このような原子炉事故を「チャイナ・シンドローム」という．アメリカの原子力発電所で炉心熔解が起こると，熔解した核燃料が核反応を続けながら岩石を溶かして，ついには地球の裏側の中国に達するだろうという荒唐無稽なイメージを表した言葉だったが，半分本当になってしまった．ある程度の複雑さをもったシステムの振る舞いは，たとえ人間自身が設計し作ったものであっても，予測が極めて難しいということを，この悲劇的なエピソードは物語っている．

　現代の文明社会を不安に落としいれている「環境問題」は，まさに地球に起こるかもしれないシンドロームに対する恐怖である．人類の営みが，実際どのくらい大きなダメージを地球に与えているのか，その影響が予測不可能な現象を引き起こし，自然は巨大なエネルギーをもって，私たちに復讐を遂げるのではないか？　自然は，依然として，その巨大なエネルギーと予測不可能性によって脅威なのである．ここで問題となるのは，シンドロームのきっかけとなる環境負荷の「大きさ」はどれほどか，そして結果として生じるさまざまな環

境変動の「大きさ」はどの程度なのかということである．「環境」という言葉で表現される内容は，多種・多数の要素(大気，海洋，日照，そして極めて多種の生物が織り成す生態系)が結合した巨大な複雑システムの運動である．要素間の連関は，変動の大きさ＝スケールによってさまざまに変化し，シンドロームの予測を困難なものとする．

人体にせよ，複雑な人工物せよ，あるいは地球環境にせよ，これら〈システム〉を構成する多数の要素の連関は，各要素の動き(働き)の大きさによって変調する——システムは，要素に分解して分析することが不可能な，ひとつの協働体として作用するのである．

要素間の連関・合成を分析すること，スケールに関するパースペクティブをもつこと，これらのことに科学は十分応えてこなかった．切断・分解，そしてフリーサイズ化について無頓着な理論——逆に自然の抽象化に陶酔している科学——の中心に〈線形〉という概念がある．〈非線形〉は，科学にリアリティーを取り戻すためのキーワードだ．

このことによって，線形と非線形の関係を，数学的な構造の二項対立に留めることはできない．むしろ，科学の原点に遡及する問題として，線形と非線形の関係を分析しなくてはならないのである．

1.1.3　対立と脱構築

〈非線形〉を研究する科学——これを〈非線形科学〉と呼ぼう——は，〈線形〉の補集合を研究対象とする科学ではない．〈線形〉という領域の狭さと偏執を批判し，〈線形〉を包摂する広い地平へ展開することを目指した科学である．

デリダ(Jacques Derrida; 1930-2004)の言い方を借りると，非線形科学とは，〈線形〉の外部から〈線形〉を〈脱構築(déconstruction)〉する企てである．脱構築とは，二項対立を構成する2つの領野が歴史的に培った「中心／外部の関係」を批判的に分析し，これを逆転することによって新しい知を構成しようとする哲学の戦略である[*5]．このとき，「中心」によって構造化された体系は瓦解(destruction)してしまうのではなく，「中心」がもつ有効な意味は位置づけを変えつつも保持される．この巧みな戦略を使って，私たちは〈線形〉という堅固な数学的構造を非線形科学に包摂しようとしているのだ．

線形理論とは，比例の原理に基づく諸法則を数学的に構造化した体系であり，あらゆる科学的考察の出発点として，その重要性を疑う余地はない．しかし，どのような原理であっても，それが無制限に成立すると期待することはできない．比例の原理も，変数の変化が大きくなれば，いずれ変形を受ける．こう言ったとき，変動の大きさ＝スケールという概念が介入してくることに注意しよう．線形とは，スケールを埒外に追いやった理論である．このことが，逆に線形という理論の枠組みの根本的な限界を定めているのだ．スケールを復権すること——比例関係が歪められ，線形の理論構造が無効になる大きなスケールの世界に視線を向けること——によって，線形理論の脱構築が始まるのである．

　線形理論の脱構築は，さらに「科学」の脱構築へ拡大する．デカルト以来「正統的」といわれてきた科学，その方法である〈要素還元〉を脱構築するために梃子となるのが「複雑性」である．自然の「秩序」を探求するための方法論であった〈要素還元〉は，同時に「複雑性」を周辺へ追いやるための戦略であった．外部へ追われた「複雑性」は，いまや立場を逆転し，「秩序」を中心に抱こうとする伝統的科学の構造を揺り動かそうとしている．現代のさまざまな問題は，秩序の領域に閉じこもる科学の妥当性に根本的な疑問を投げかけているからだ．

　コスモスとカオスの二項対立は，線形と非線形の二項対立と平行関係をもつ．線形理論は，その本質において「秩序」の探求であり，その精緻な体系は「複雑性」に犯されない小宇宙を構成してきた．秩序を最も明確に表現した理論である線形理論を脱構築することは，複雑性の侵入による科学の脱構築をもたらそうとしているのである．

---

*5　脱構築は，「構造」の再構築(reconstruction)を意味するものではない．むしろ「構造」という静的な概念を批判する動的な知的活動とその戦略に重点がある．ジャック・デリダ(ポール・パットン，テリー・スミス編)，『デリダ，脱構築を語る——シドニー・セミナーの記録』(谷 徹，亀井大輔訳)，岩波書店，2005 は，彼の晦渋な理論に対する平易な説明を引き出した記録として読みやすい．

1.2 スケールをもつ現象，そのための理論

1.2.1 科学の革命とスケール

　科学の醍醐味は，誰も気づいていない真実を見出すことだ．新たな科学の知は，従来の常識を覆すものとして立ち現れる．科学の革命が発見するのは新しい〈スケール〉の世界である——いや，新しい世界を指し示す〈スケール〉を発見するといった方がよいかもしれない．

　近代科学によって教化された私たちにとって，もはや地平は平面ではないし，山は不動ではない．地球は丸い天体であり，内部の熱い物体は，長い時間と大きなスケールでみれば，活発に対流する流体である．私たちが大陸と思っていたものは，この流体に浮かんだ薄くて壊れやすい表皮にすぎないのだ．地球は太陽の周りを回る小さな天体である．太陽系の中心たる太陽は，銀河の中の平凡な星である．この銀河も，宇宙に数多ある銀河の中では平凡な存在だ．私たちの住む宇宙は100億年〜200億年前に「発生」して以来膨張を続けている．他にいくつもの別の「宇宙」があってもよい．

　私たちの先祖という概念も，もはや〈種〉の不変性を前提とできない．ヒトは，かつてサルの系統から分岐したひとつの種だ（ヒトの系統と類人猿の系統が分岐したのは500万年から1500万年前，ホモ属が生まれたのは200万年ほど前といわれる）．1億年ほど昔は巨大な爬虫類が地球を支配していたらしい．古い地層から巨大な骨の化石がみつかったときの驚愕は，何千万年も昔の忘れられた記憶がよみがえった瞬間だ．ヒトという種は，どのくらい生きのびるのか？　ひとつの〈種〉の平均的寿命は（化石の研究によると）数百万年程度だという．

　これらは大きな時間・空間スケールに向かった科学の言説である．科学は，小さなスケールへも視野を広げてきた．

　ミクロの世界で物質は粒子へ還元される．物質的多様性は，粒子群の結合や配列構造の多様性によって説明される．生物の多様性は，物質的にみるならば，DNAと呼ばれる高分子に許される粒子配列の自由度にすぎない．ミクロの粒子は波の性質を併せもち，回折や干渉を起こす．したがって，粒子という

根源的な存在そのものが「確率的」にしか解釈できない．

科学の革命は，たとえば〈進化論〉がそうであったように，古い言説を完全に否定してしまうこともあるが，物理学などでは，新しい理論は古い理論を「包摂」することで，知の地平を拡大する．すなわち，古い理論は，ある限られた狭いスケールの中で成立する「近似的な理論」として，新しい理論の特殊な極限に位置づけられるのである[*6]．たとえば，ニュートンの古典力学は，量子理論のマクロな(エネルギーが大きな)極限としては正しさを保持し，他方で相対性理論のミクロな(エネルギーが小さな)極限としても正しく成り立つ．ニュートンの古典力学が未だに堅持している版図とは，ちょうど私たちが日常的に経験する時空間のスケールである．まずそこから出発した物理の理論は，私たちの関心がより広いスケールの領域へ拡大したとしても，真から偽へ裏返るのではなく，部分的な真理として，その価値を維持しているのだ．

このような「包摂」が成り立つためには，新しい理論は〈スケール〉をもたなくてはならない．〈スケール〉というパラメタによって古い理論は「局所化」されるのである．逆に，古い理論は〈スケール〉をもたなかった(認識できなかった)ために，その限界について不明であったのだ．

非線形科学とは，線形理論が見失った〈スケール〉という概念を回復するための科学だといってよい．このことを詳しく説明することが，非線形科学への入り口となるだろう．

1.2.2 スケールの数学的認識

〈スケール〉とは「大きさ」を測るための尺度——すなわち〈単位〉——というのが辞書的な意味である．単位は私たちが任意に選べばよいものだ．これ対して，私たちが問題にしているのは，現象(あるいはそれを説明する理論)が固有にもつ〈スケール〉である．それは，どういう意味か？

2つの変数(数値化された事象) x, y の変化をそれぞれ $\delta x, \delta y$ と書こう．δx

[*6] 古い理論が，その「埒外」においていた「かけ離れたスケールの世界」から古い理論の世界を見直すと，古い理論は「近似的な理論」という座へ退きながらも限定的な真理性を保持する．このような「包摂」のための戦略を，前節ではデリダの言葉を借りて〈脱構築〉と呼んだのである．

と δy の間に「一定の」(すなわち蓋然性をもつ)関係を見出したとき，私たちはひとつの法則をみつけたといえる．$|\delta x|$, $|\delta y|$ が「小さい」とき，この関係は〈比例関係〉となるのが普通である．すなわち

(1.1) $$\delta y = a\delta x \quad (a = 定数)$$

と書くことができるだろう．ここで「小さい」とは相対的な概念である．つまり，何と比較して(何を基準として)「小さい」あるいは「大きい」のかをいわなくてはならない．だが，私たちはその基準を最初は知らない．逆に，比例関係(1.1)が成り立つ範囲の変動 $|\delta x|$, $|\delta y|$ を「小さい」と考える．こうして，比例関係の成立性から変動の「大小」についての基準＝スケールが導入される．

たとえば，バネの弾性法則，電気回路におけるオームの法則など科学で教わるのは，大概こうした比例関係の法則である．ニュートンの運動方程式も，加速度と力が比例するという比例関係である．これらの比例関係を定める比例定数，すなわちバネ定数，電気抵抗，質量などは，変数の変動がある範囲内であれば「定数」とみなしてよい．しかし，バネの伸び，電気回路を流れる電流，物体の速度が大きくなると，これらはもはや定数ではない．どの範囲であれば比例関係が成り立つのかは，比例関係が崩れる「外部」を発見して初めて明らかになる[*7]．

比例関係という最も単純な関係が破綻する領域に，現実世界の複雑性が生起する．現代の科学が注目する諸問題，たとえば環境変動，生態系の変化，経済変動などで，それらの「変動」が大きいのか小さいのかを判断するための基準＝スケールを知ることこそが問題の核心である．線形理論は，スケールに関して沈黙する．線形(比例関係)からずれることを観測することで，線形理論を局所化するために必要なスケールが明らかになる．

今述べたことを，解析学で習う〈テイラー(Taylor)級数展開〉の理論で定量

[*7] スケールは，最初から「理論」に書き込まれているのではない．古い理論を新しい理論が包摂するときに「発見される」，あるいは包摂するための梃子として作用するのだ．第1.1.3項で強調したように，理論の脱構築とは，理論の外側(限界)から理論の根幹を相対化する運動なのである．新しい理論が「構造化」してしまうと，はじめからスケールを知っていたような顔をするのだが．

化しよう．滑らかな(正則な)関数 $f(x)$ を $x=x_0$ の近傍でテイラー級数展開するとは

(1.2) $\quad f(x) = f(x_0)+f^{(1)}(x_0)\delta x+\dfrac{f^{(2)}(x_0)}{2}\delta x^2+\cdots+\dfrac{f^{(n)}(x_0)}{n!}\delta x^n+\cdots$

と書くことをいう．ただし $\delta x=x-x_0$, $f^{(n)}$ は n 次の微分係数である．$a_n=f^{(n)}(x_0)/n!$ と書くとき，収束半径 R は

$$R^{-1} = \limsup_{n\to\infty}|a_n|^{1/n}$$

で与えられ ($f(x)$ が x_0 の近傍で正則関数であるとは，R が 0 でない数として定まることをいう)[*8]，$|\delta x|<R$ において (1.2) は絶対かつ一様収束する．この R がひとつの「基準」となる．

$R>0$ であるならば，ある有限数 r を $0<r\leqq R$ の範囲に選んで

$$\sup|a_n r^n| < 1$$

をみたすようにできる．この r を〈単位〉として選んで x を測り直そう．同時に x の原点を x_0 に移す．すなわち

(1.3) $\qquad\qquad \check{x} = \dfrac{x-x_0}{r}$

とおく．この操作を〈規格化〉という．規格化した変数で (1.2) を書き直すと

(1.4) $\qquad\qquad f(\check{x}) = f(0)+\check{a}_1\check{x}+\cdots+\check{a}_n\check{x}^n+\cdots.$

ここで $\check{a}_n=a_n r^n$ と書いた．$|\check{a}_n|<1$ であるから，(1.4) の収束半径は 1 以上である．実際，$|\check{x}|<1$ において

$$\sum_{j=1}^{n}|\check{a}_j\check{x}^n| < \dfrac{|\check{x}|}{1-|\check{x}|}$$

と評価できるから，左辺は $n\to\infty$ に対して単調増加する有界列であり，したがって (1.4) は $|\check{x}|<1$ において絶対収束する．

規格化されたテイラー級数 (1.4) において，$|\check{x}|<1$ であれば，$|\check{x}|^n\ll|\check{x}|$ ($n>$

[*8] たとえば，高木貞治，『解析概論』(改訂第三版)，岩波書店，1983，第 4 章.

1) であるから，2次の項以降は無視してよい．よって実際の法則 $y=f(\check{x})$ に対して，$|\check{x}|<1$ の範囲で，これを〈比例関係〉によって近似できる．

このように，現象は〈スケール〉を自ら規定している．スケールを決定づける基準値は，しばしば絶対的な重要性をもつ「数」である．たとえば運動の法則において，質量が一定であると考えてよい範囲(ニュートンの理論が妥当する範囲)は，光の速度 c をスケールの基準として定められる．ニュートンの理論を「包摂」したアインシュタインの相対性理論では，速度 v で運動する物体の質量は

$$(1.5) \qquad m = \frac{m_0}{\sqrt{1-(v/c)^2}}$$

と与えられる．ただし，m_0 は物体が静止しているときの質量である．$\check{v}=v/c$ とおき，$\check{v}=0$ の近傍で $\gamma(\check{v})=m(\check{v})/m_0$ をテイラー展開すると

$$(1.6) \qquad \gamma = 1+\frac{1}{2}\check{v}^2+\frac{3}{8}\check{v}^4+\cdots+\frac{\Gamma(\nu+1/2)}{\sqrt{\pi}\nu!}\check{v}^{2\nu}+\cdots.$$

この収束半径は 1 である[*9]．したがって，光速 c で規格化された速度 $\check{v}$ が 1 より十分小さいとき，$m \approx m_0$ と近似でき，ニュートンの理論が近似則として成立することがわかる．もちろん，ニュートンの時代に物理学が注目していた諸現象の範囲で，質量という比例係数が一定であるという仮定は疑う余地がないものであった($c \approx 3 \times 10^8$ m/sec という，極めて大きな数であるから)．ニュートンの理論には「限界」があること，そのためにニュートンの理論は速度のスケールに関して局所的な近似理論であること，これらは相対性理論の領域にスケールが拡大されて初めて明らかになったのである．

[*9] 規格化したテイラー級数の係数は奇数次に対して 0，偶数次に対して

$$\check{a}_n = \check{a}_{2\nu} = \frac{(\nu-1/2)(\nu-3/2)\cdots(1/2)}{\nu!} = \frac{\Gamma(\nu+1/2)}{\sqrt{\pi}\nu!} \quad (\nu=1,2,\cdots).$$

$$\log \check{a}_n^{1/n} = \frac{1}{2\nu}\left(\log\frac{\nu-1/2}{\nu}+\log\frac{\nu-3/2}{\nu-1}+\cdots+\log\frac{1/2}{1}\right)$$

より $\limsup_{n\to\infty} \log \check{a}_n^{1/n} = 0$ を得る．収束円上(すなわち $|\check{v}|=1$)で(1.6)は発散する．実際，(1.5)からも，$v \to c$ で $m \to \infty$．このことは，物体の速度が c を超えられないことを意味する．

1.3 線形理論の領野

1.3.1 数理科学の地平——線形空間

　数理科学は，自然あるいは社会の事象を〈計量〉によって数値化し，その数値＝パラメタの変化や，異なるパラメタ間の連関を分析することによって，さまざまな現象の深層にある構造を明らかにしようとする．

　ある対象をパラメタ x で表現しようとするとき，x の「値」——数値化された x という意味で，x と区別し，$\check{x}$ と書こう——とは，それを計量する〈単位 (unit)〉を e と決めて，

$$(1.7) \qquad x = \check{x}e$$

と表すことに他ならない．〈単位〉は，私たちの観測の〈スケール〉を決める「基準」である．

　一般に，ある事象を表現し分析するためには，複数のパラメタが必要である．とりあえず，n 個のパラメタの組を〈ベクトル〉，n を〈次元〉あるいは〈自由度〉，各変数の単位を〈基底〉と呼んでおく．

　たとえば，物体の運動を記述するためには，その〈位置〉(記号 $\boldsymbol{x}$ で表そう) を計量しなくてはならない．そのためには〈座標〉を定義する必要がある．3次元の〈デカルト座標系〉では，いわゆる「x, y, z」の各方向を向いた，それぞれ長さ 1 m (もちろん違う単位を選んでもよい) の〈単位ベクトル〉$\boldsymbol{e}_x, \boldsymbol{e}_y, \boldsymbol{e}_z$ を採る．これを基底として，物体の〈位置ベクトル〉は

$$(1.8) \qquad \boldsymbol{x} = \check{x}\boldsymbol{e}_x + \check{y}\boldsymbol{e}_y + \check{z}\boldsymbol{e}_z$$

と表現される．

　対象を〈ベクトル〉と同一視することは，物理に限らない．たとえば「果物籠」もベクトルだ．ある果物籠 (抽象的に $\boldsymbol{x}$ と書こう) の中に，りんご 1 個，レモン 2 個，ぶどう 3 房が入っていたとする．りんご 1 個を $\boldsymbol{A}$，レモン 1 個を $\boldsymbol{L}$，ぶどう 1 房を $\boldsymbol{G}$ と記号化し，これらを基底にして果物籠を表現すると $\boldsymbol{x} = 1\boldsymbol{A} + 2\boldsymbol{L} + 3\boldsymbol{G}$ となる．「個数」を単位としたのではきちんと商売にならな

1 非線形とは

いうのであれば，それぞれの目方(グラム数)を単位にすればよい．それぞれ 1 g のりんご，レモン，ぶどうを e_1, e_2, e_3 と記号化し，これらを基底にして表現すると $x = x_1 e_1 + x_2 e_2 + x_3 e_3$ と書くことができる (x_1, x_2, x_3 は，それぞれの果物の目方をグラム単位で計量した数値である)．栄養士は，まったく違った観点(すなわち基底)で果物籠をみるかもしれない．それぞれ 1 mg のビタミン A，ビタミン C，果糖，… を $g_1, g_2, g_3, \cdots$ と記号化し，これらを基底にして計量した $x = \xi_1 g_1 + \xi_2 g_2 + \xi_3 g_3 \cdots$ が関心の対象の表現になるだろう．対象をベクトルとして表現するとは，対象を〈分解〉することに他ならない——まずこのことを強調し，第 1.1.1 項の論点を補強しておこう．

果物籠どうしの比較や合算，あるいは値段を計算するために，〈比例関係〉を使う．それは，後で公理化する〈ベクトル算法〉というものに他ならないのだが，ベクトル空間(線形空間)の概念と比例関係との原始的な関連を，ここではみておこう．2 つの果物籠 $x = x_1 e_1 + x_2 e_2 + x_3 e_3$ と $y = y_1 e_1 + y_2 e_2 + y_3 e_3$ を考える．x を α 個，y を β 個足し合わせると

$$\alpha x + \beta y = (\alpha x_1 + \beta y_1) e_1 + (\alpha x_2 + \beta y_2) e_2 + (\alpha x_3 + \beta y_3) e_3$$

という果物籠ができる．つまり「成分ごと」に比例計算をすればよい．果物籠に値段をつける計算も比例関係に基づけばよい．それぞれの果物のグラムあたりの価格が p_1, p_2, p_3 と与えられたとき，果物籠 x の値段は $p_1 x_1 + p_2 x_2 + p_3 x_3$ となる．この計算は，ベクトルの理論でいうと〈内積〉の計算だ．まず価格表をベクトルとして $p = p_1 \varepsilon_1 + p_2 \varepsilon_2 + p_3 \varepsilon_3$ と書く．ここで ε_j は，それぞれの果物 1 g あたりにつけた値段の〈単位〉を表す基底である．$\varepsilon_j \cdot e_k = \delta_{jk}$ という関係を課して[10]，値段は $p \cdot x$ で与えられる．p を x の〈双対ベクトル〉という．

このように，ある事象を〈計量する〉(あるいは数理的に「記述する」)とは，その事象を表現する n 個のパラメタ(変数)を選び，それぞれに〈単位〉を与えて数値化することだと定義できる．自然あるいは社会の事象は，いくつかの「観測軸」をおいて計量することによって，その観測軸で張られた〈ベクトル

---

[10] δ_{jk} は〈クロネッカーのデルタ〉と呼ばれ，$j = k$ のとき $\delta_{jk} = 1$，$j \neq k$ のとき $\delta_{jk} = 0$ と定義される．

空間〉へ写し取られ，幾何学の研究対象となるのだ[*11]．

　これまで，複数のパラメタの組を〈ベクトル〉と呼んできたが，ベクトルは，これを計量しパラメタで表現する以前に，「事象」として存在する．計量・記述は主観の側に属し，その仕方はひとつではない．(1.8)は，位置ベクトル x のひとつの「記述」を意味しているのであって，右辺によって左辺を「定義」しているのではない．基底を変えれば，右辺の表現は変化するのである．したがって，ベクトルを成分により記述することに先立って，〈ベクトル〉という概念と，〈ベクトル〉に係わる基本的な演算を公理化しておく必要がある．基本的な演算とは，次に述べるように，〈比例計算〉を一般化=高次元化した〈ベクトル算法〉という演算である．これによって，ベクトルの空間——〈ベクトル空間〉あるいは〈線形空間〉と呼ぶ——には〈線形〉の構造が刻印される．

　慣例にしたがって，実数の全体集合を $\mathbb{R}$，複素数の全体集合を $\mathbb{C}$ と書く（また，自然数の全体集合を $\mathbb{N}$，整数の全体集合を $\mathbb{Z}$ と表す）．集合 X が $\mathbb{K}$ (=$\mathbb{R}$ あるいは $\mathbb{C}$) を〈係数体〉とする〈線形空間〉であるとは，その任意の元 x, y ——これらを〈ベクトル〉と呼ぶ——と任意の数 $\alpha \in \mathbb{K}$ に対して，〈和(sum)〉 $x+y$ と〈スカラー倍(scalar multiple)〉 αx が定義され——これらを〈ベクトル算法〉という——，以下の規則が成り立つ場合である．

$$(1.9) \begin{cases} \text{(a)} & x, y \in X \text{ ならば } x+y \in X, \ \alpha x \in X \quad (\alpha \in \mathbb{K}), \\ \text{(b)} & x+y = y+x, \\ \text{(c)} & (x+y)+z = x+(y+z), \\ \text{(d)} & \text{任意の } x, y \text{ に対して } x+z = y \text{ をみたす } z \text{ が 1 つだけある}, \\ \text{(e)} & 1 \cdot x = x, \\ \text{(f)} & \alpha(\beta x) = (\alpha\beta)x \quad (\alpha, \beta \in \mathbb{K}), \\ \text{(g)} & (\alpha+\beta)x = \alpha x + \beta x, \\ \text{(h)} & \alpha(x+y) = \alpha x + \alpha y. \end{cases}$$

[*11] ガリレイは，自然を幾何学化して説明しようとした(第 2.1 節参照)．その前提として，計量による数値化という操作が必要なのだが，計量には〈スケール〉に関する「主観」が介入する．この問題によって，〈スケール〉の議論にはより深い分析が必要となる．これについては第 4 章で考察する．

1 非線形とは

　上記のように，ベクトルの〈成分表示〉を前提とせずに，ベクトル算法を定義する必要があったので，(1.9)のような，もってまわった定義になったのだが[*12]，ベクトルが，ある基底をもって成分で表示されているなら，〈和〉と〈スカラー倍〉は，成分ごとの和と比例計算に他ならない．

　ベクトル算法は，ベクトルを分解/合成するという基本操作を可能とする．これによって，ベクトルの〈成分表示〉が可能となる．X に属する n 個の元 $\{\boldsymbol{e}_1,\cdots,\boldsymbol{e}_n\}$ を選んで，これが X の〈基底〉を与えるとは，任意の $\boldsymbol{x}\in X$ を

$$(1.10) \qquad \boldsymbol{x} = \sum_{j=1}^{n} x_j \boldsymbol{e}_j \quad (x_1,\cdots,x_n \in \mathbb{K})$$

と書くことができることをいう．すなわち，基底に属すベクトル——これを〈基底ベクトル〉と呼ぶ——によって，任意の $\boldsymbol{x}$ が分解できるという意味である．(1.10)の係数のみを記述して

$$(1.11) \qquad \boldsymbol{x} = \begin{pmatrix} x_1 \\ \vdots \\ x_n \end{pmatrix} = {}^t(x_1,\cdots,x_n)$$

と書くことを〈成分表示〉という[*13]．X に属する任意のベクトルを分解するのに必要十分な基底ベクトルの数を X の〈次元〉という．n 次元の線形空間は n 個の独立な成分($\in\mathbb{K}=\mathbb{R}$ あるいは $\mathbb{C}$)によって表現できるので，これを $\mathbb{R}^n$ あるいは $\mathbb{C}^n$ と表すことにする．

　成分表示，すなわち基底ベクトルによる分解は，基底ベクトルが互いに〈直交〉している場合には簡単である．ここで直交という概念を定義しておく必要がある．そのために，まず〈内積(inner product)〉を定義する．実線形空間(あるいは複素線形空間)X に属するベクトル $\boldsymbol{x}$ と $\boldsymbol{y}$ に対して実数(あるは複素数)を定める写像 $(\boldsymbol{x},\boldsymbol{y})$ が次の条件をみたすとき内積という．

[*12] しかし，抽象化によって極めて大きな一般化がなされたのである．関数 $f(x)$, $g(x)$ に対しても，ベクトル算法 $f(x)+g(x)$, $\alpha f(x)$ をしかるべく定めれば，「関数の空間」も〈線形空間〉と考えることができる．つまり，関数も〈ベクトル〉の一種というわけだ(ノート 1.1 参照)．

[*13] 本書では，ベクトルを成分表示するとき〈縦ベクトル〉の形で書くのを標準とする．文中ではスペースを節約するために〈横ベクトル〉を転置する形 ${}^t(x_1,\cdots,x_n)$ で表示する．

(1.12) $\quad(\boldsymbol{x},\boldsymbol{x})\geqq 0$ かつ $(\boldsymbol{x},\boldsymbol{x})=0$ は $\boldsymbol{x}=0$ と同等.

(1.13) $\quad(\boldsymbol{x},\boldsymbol{y})=\overline{(\boldsymbol{y},\boldsymbol{x})}.$

(1.14) $\quad(a_1\boldsymbol{x}_1+a_2\boldsymbol{x}_2,\boldsymbol{y})=a_1(\boldsymbol{x}_1,\boldsymbol{y})+a_2(\boldsymbol{x}_2,\boldsymbol{y}).$

$\mathbb{R}^n$ の内積は慣例にしたがって $\boldsymbol{x}\cdot\boldsymbol{y}$ とも書く.2つのベクトル $\boldsymbol{x}$ と $\boldsymbol{y}$ の内積が0であるとき,$\boldsymbol{x}$ と $\boldsymbol{y}$ は〈直交する〉という.基底ベクトルを直交系となるようにとると($\boldsymbol{e}_i\cdot\boldsymbol{e}_j=\delta_{ij}$),ベクトルの成分は,内積によって容易に計算できる.すなわち

(1.15) $\quad x_j=(\boldsymbol{x},\boldsymbol{e}_j)\quad(j=1,\cdots,n).$

これには〈計量〉という意味を与えることができる((1.8)参照).$\mathbb{R}^n$ は,内積と直交基底を定義して〈ユークリッド(Euclid)空間〉とみなすことができる.

一般的には,基底ベクトルは互いに直交するとは限らない.その場合は,基底ベクトルと成分の関係を次のように一般化する必要がある.n 次元の線形空間 X を張る基底(一般に直交系でない)を $\{\boldsymbol{e}_1,\cdots,\boldsymbol{e}_n\}$ とする.これと「共役な関係」にある別の基底(双対基底)$\{\boldsymbol{e}^1,\cdots,\boldsymbol{e}^n\}$ を $(\boldsymbol{e}_j,\boldsymbol{e}^k)=\delta_{jk}$ となるように定義する.このとき,X の任意の元 $\boldsymbol{x}$ は

(1.16) $\quad \boldsymbol{x}=\sum_{j=1}^{n}x^j\boldsymbol{e}_j\quad[x^j=(\boldsymbol{x},\boldsymbol{e}^j)]$

あるいは X の双対空間 X^* の任意の元 $\boldsymbol{x}$ は

(1.17) $\quad \boldsymbol{x}=\sum_{j=1}^{n}x_j\boldsymbol{e}^j\quad[x_j=(\boldsymbol{x},\boldsymbol{e}_j)]$

と書くことができる.さらに,添字の上下が対になっている場合の和記号 $\sum$ を省略する(アインシュタインの規約).この規則にしたがうと,$\boldsymbol{x}=x^j\boldsymbol{e}_j=x_j\boldsymbol{e}^j$ と表される.

本書では,とくに断らず基底という場合は,いつも直交基底をとることにし,成分および基底ベクトルの添え字は下につける(ベキとの混乱を避けるために).

1.3.2 法則の幾何学化

　私たちは，線形空間という数理科学の地平において，線形と非線形を対置しようとしている．前項で指摘したように，線形空間には「線形性」が，ベクトル算法(比例計算の一般化＝高次元化)に係わる公理(1.9)によって刻印されている．よって，〈非線形〉は，私たちが現象や法則を記述しようとしている「空間」において既に「歪」として周辺化されている．

　線形性がいかに線形空間の構造と一体化しているのか，逆に非線形性の「歪」とは何であるか，これらのことを〈グラフの構造〉として可視化してみよう．

　〈グラフ〉とは，数量化された諸量の間の関係を表す幾何学的なオブジェクトである．n 個の変数 $x_1,\cdots,x_n$(実数とする)の間にひとつの関係式

$$(1.18) \qquad F(x_1,\cdots,x_n) = 0$$

が成り立つとする．法則(1.18)をみたす点の集合，すなわちグラフは，$\mathbb{R}^n$ の中のひとつの超曲面[*14]によって表される(図 1.2 参照)．

　関係式(1.18)をある変数，たとえば x_1 について解いて

$$(1.19) \qquad x_1 = f(x_2,\cdots,x_n)$$

の形に表すことができれば，$\mathbb{R}^{n-1}$ から $\mathbb{R}$ への関数(写像)が得られたことになる．関係式(1.18)によって定められる関数(1.19)を〈陰関数(implicit function)〉と呼ぶ．一般的には，変数 $x_2,\cdots,x_n$ と x_1 との関係が一価関数で表されるとは限らない(図 1.2 参照)[*15]．多価なる関係をも包含する法則表現(1.18)の方が，一価関数 f による関係の表現(1.19)よりも一般的である．

　n 個の変数 $x_1,\cdots,x_n$ に関して ν 個の連立関係式($\nu<n$)

[*14] n 次元空間にはめこまれた(immersed) $n-1$ 次元の多様体を超曲面という．ここに m 次元の〈多様体(manifold)〉とは，各点が局所的に m 次元ユークリッド空間 $\mathbb{R}^m$ と同じ位相をもつ幾何学的オブジェクトのことを意味する．

[*15] 陰関数が局所的に一価の関数として決められるための条件は，陰関数定理によって与えられる．たとえば，高木貞治，『解析概論』(改訂第三版)，岩波書店，1983，第 7 章．

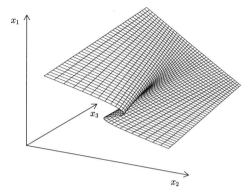

図1.2 数理科学の法則は，〈グラフ〉すなわち線形空間におかれた〈多様体〉によって表象される．この図は，「ひだ」をもつグラフ．重なりが生じる方向(x_1軸方向)に「多価性」がある．

(1.20) $$F_k(x_1, \cdots, x_n) = 0 \quad (k = 1, \cdots, \nu)$$

が成り立つ場合も(1.20)を $x_1, \cdots, x_\nu$ について解いて

(1.21) $$x_k = f_k(x_{\nu+1}, \cdots, x_n) \quad (k = 1, \cdots, \nu)$$

の形に表すことができれば，$\mathbb{R}^{n-\nu}$ から $\mathbb{R}^\nu$ への関数が得られたことになる(図1.3参照)．

　グラフが関数を用いて $y=f(x)$ の形に表現されているとき，x を〈独立変数〉，y を〈従属変数〉と呼ぶ．独立変数の線形空間 X と従属変数の線形空間 Y が，あらかじめ分離されているとき，グラフは積空間 $X \times Y$ の中の部分集合である．ここで〈積空間(product space)〉とは，X の元 x と Y の元 y を合成した $\{x, y\}$ の全体集合であり，〈和〉と〈スカラー倍〉を

(1.22) $$\{x_1, y_1\} + \{x_2, y_2\} = \{x_1+x_2, y_1+y_2\}, \quad \alpha\{x, y\} = \{\alpha x, \alpha y\}$$

と定義した線形空間である．たとえば，$\mathbb{R}^n \times \mathbb{R}^m = \mathbb{R}^{n+m}$ である．写像 f は X の全体で定義されているとは限らない．f が定義された X の部分集合を f の〈定義域(domain)〉という．また，f の値全体の集合(Y に含まれる)を f の〈値域(range)〉という．

1 非線形とは

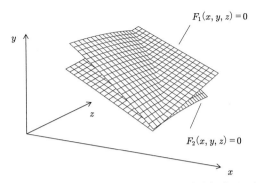

図 1.3 連立条件のグラフ．それぞれの条件を表す超曲面の共通集合がグラフとなる．$\mathbb{R}^3$(座標を x,y,z とする)で 2 つの条件を与えるとグラフは 3−2=1 次元の多様体，すなわち曲線となる．これをたとえば z について解くと，${}^t(x,y)=\boldsymbol{f}(z)$ という関数が定義される．

さて，以上は一般的な〈グラフ〉と関数(写像)との関係である．ここからは〈線形理論〉における〈グラフ〉の特徴についてみてゆこう．

まず，線形法則とは何かを明確に定義しておく必要がある．第 1.1.1 項で述べたように，「線形法則」とは比例関係の一般化＝高次元化を意味する．線形という言葉は 2 個の変数の〈比例関係〉を表すグラフが直線であることに由来する．これを任意の次元に一般化して〈線形写像(linear map)〉を次のように定義する．

集合 U から集合 V への写像 f を考える．U(定義域)と V(値域)はそれぞれ実線形空間(あるいは複素線形空間)X および Y に含まれるとする．U に属する任意の $\boldsymbol{x},\boldsymbol{x}'$ および任意の実数(X と Y が複素線形空間である場合は複素数)a,b に対して

$$(1.23) \qquad f(a\boldsymbol{x}+b\boldsymbol{x}') = af(\boldsymbol{x})+bf(\boldsymbol{x}')$$

が成り立つとき，f は〈線形写像〉(あるいは〈線形作用素〉)であるという．両辺はすべての $\boldsymbol{x},\boldsymbol{x}',a,b$ について定義されなくてはならないから，U と V は，それぞれ X と Y の線形部分空間でなくてはならない．以下，$U=X$, $V=Y$ とおく．

条件(1.23)をみたす点の集合(すなわちグラフ)を $G \subset Z = X \times Y$ と書く．G

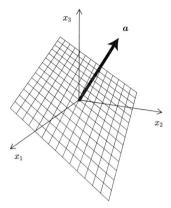

図 1.4 線形法則のグラフ．ひとつの定ベクトル a を法線とする超平面(a に直交する線形部分空間)によって表される．

は線形空間の公理(1.9)をみたす(条件(a)が本質的であり，あとの条件は X と Y が線形空間であることから自明である)．逆に G が線形空間であると仮定すると，条件(a)は(1.23)が成り立つことを要求する．すなわち f が線形写像であるとは，そのグラフ G が Z にはめこまれた線形部分空間(平面によって表象される)であることと等価である．

Z に基底と内積を定義して G(あるは線形写像 f)を具体的に表現してみよう．Z 内の原点を通るひとつの超平面は，ひとつの法線ベクトル $a \in Z$ によって規定される．すなわち，a に直交する点の集合である(図 1.4 参照)．

線形空間 X および Y の直交基底を，それぞれ $\{e_1, \cdots, e_n\}$ および $\{\varepsilon_1, \cdots, \varepsilon_m\}$ とし，$z \in Z$ を成分で表示して $z = {}^t(x_1, \cdots, x_n, y_1, \cdots, y_m)$ と書く．これがベクトル $a = {}^t(a_1, \cdots, a_n, b_1, \cdots, b_m)$ と直交する条件は

$$(1.24) \qquad a \cdot z = \sum_{j=1}^{n} a_j x_j + \sum_{k=1}^{m} b_k y_k = 0$$

と表現できる．まず，Y が 1 次元であるとしよう．基底ベクトル ε_1 が a と直交しない($b_1 \neq 0$)ならば，(1.24)を y_1 について解くことができる．この陰関数 $y = f(x)$ は，$1 \times n$ 行列

$$L = (\alpha_1, \cdots, \alpha_n) \qquad (\alpha_j = -a_j/b_1;\ j = 1, \cdots, n)$$

によって

(1.25) $$f(\boldsymbol{x}) = L\boldsymbol{x}$$

と書くことができる．

同様に，m 個の独立な（互いに平行でない）ベクトル $\boldsymbol{a}^{(1)}, \cdots, \boldsymbol{a}^{(m)}$ が与えられたとき，これらを法線とし原点を通る m 枚の超平面が定義される．これらの超平面の交わりとして線形写像のグラフ（平面）が定義される．すなわち，

(1.26) $$\boldsymbol{a}^{(\ell)} \cdot \boldsymbol{z} = \sum_{j=1}^{n} a_j^{(\ell)} x_j + \sum_{k=1}^{m} b_k^{(\ell)} y_k = 0 \quad (\ell = 1, \cdots, m)$$

を満足する点の集合である．

$$A = \begin{pmatrix} a_1^1 & \cdots & a_n^1 \\ \vdots & & \vdots \\ a_1^m & \cdots & a_n^m \end{pmatrix}, \quad B = \begin{pmatrix} b_1^1 & \cdots & b_m^1 \\ \vdots & & \vdots \\ b_1^m & \cdots & b_m^m \end{pmatrix}$$

と書く．B の行列式 $\det B \neq 0$ であれば $L = -B^{-1}A$ が計算でき，(1.26) を $\boldsymbol{y}$ について解いて定義される陰関数 $\boldsymbol{y} = f(\boldsymbol{x})$ は $n \times m$ 行列 L を用いて (1.25) の形で表現できる．

X および Y に直交しない基底が与えられた場合も，基底を直交化する変換を経て上記の場合に帰着できる．したがって，線形写像 $f(\boldsymbol{x})$ は一般的にある行列 L を用いて

(1.27) $$f(\boldsymbol{x}) = L\boldsymbol{x}$$

と書くことができる．

線形の条件 (1.23) は，グラフが〈原点〉を通ること ($f(0)=0$) を要求する．変数の原点を移動して，単にグラフが平面であることのみを要求する場合も，しばしは「線形」という．(1.23) と区別するためには，これを〈非同次〉の線形という．

線形法則は，そのグラフがひとつの線形部分空間（線形空間にはめこまれた〈平面〉）であることが明らかになった．空間を部分空間へ〈分解〉することでグラフが得られる——その意味で，グラフは空間の構造と一体化できるのであ

1.3 線形理論の領野

る．法則の線形性は，分解／合成を「空間の構造」として表現し分析することを可能とするのだ．分解／合成を自在におこなうこと(第1.1.1項参照)によって，秩序を明らかにすることができる．このことについては，第2章で詳しく議論する．そして，その不可能性が〈非線形〉の本質であることが明らかになる．

線形法則の「歪のないグラフ」に対置されるのが，非線形理論における「歪んだグラフ」である(歪んだグラフに対する接平面が線形近似法則ということができる)．平坦なグラフの世界にはない，歪んだグラフのみが記述できる現象が非線形科学のテーマである．次節では，「歪」を類型的に議論するが，その前に〈線形理論〉のもうひとつの基本構造である〈指数法則〉について，学んでおく必要がある．

1.3.3 指数法則

比例関係から派生する重要な法則として〈指数法則〉がある．指数法則は，線形理論において〈運動〉を表現する基本的な法則である．

「複利計算」を思い出せば，比例関係と指数法則のつながりが明らかになる．元本 x_0 に対して，1年あたりの増加分(利子)が x_0 に〈比例〉して αx_0 であるとする(α は定数)．利子を加えた1年後の預金額は $(1+\alpha)x_0$ となる．これを新たに元本とすると，次の1年後の預金額は $(1+\alpha)^2 x_0$ となる．こうして n 年後には $(1+\alpha)^n x_0$ となる．これは一定期間で段階的に変化する指数計算であるが，時間に対して連続的に変化する指数法則を表すのが〈指数関数〉である．連続時間 t (1年を単位とする)について，時々刻々増加分を元本に繰り込むと，$a = \log_e(1+\alpha)$ とおいて $e^{ta} x_0$ となる．〈底〉を e とした理由は，次に述べる〈運動方程式〉と指数法則の関係のためである．

連続的に複利計算をするということは，預金額 $x(t)$ の時間微分(無限小時間での増加率) $dx(t)/dt$ が $x(t)$ に〈比例〉するようにするという意味である．この関係は〈微分方程式〉

(1.28) $$\frac{d}{dt}x = ax$$

によって表現される．(1.28)に〈初期条件〉を $x(0) = x_0$ と与えて解くと

1 非線形とは

(1.29) $$x(t) = e^{ta}x_0$$

を得る.微分方程式に初期条件を与えて解を求める問題を〈初期値問題〉という.

(1.28)において,比例係数 a は,変数 $x(t)$ の時間変化率を規定する定数という意味で〈時定数(time constant)〉と呼ばれる.一般化して,$x(t)$ は複素数値の関数,a も複素数であるとしてよい.a が純虚数である場合,$a=i\omega$ とおくと $e^{ta}=\cos(\omega t)+i\sin(\omega t)$ であるから,振動が現れる.a の実部($\Re a$ で示す)は指数的な増加($\Re a>0$)か,減衰($\Re a<0$)を表す.$\Re a\leq 0$ の場合は〈安定(stable)〉,$\Re a>0$ の場合は〈不安定(unstable)〉であるという.

以下,時刻 t に関する微分方程式のことを〈運動方程式〉と呼ぶ.独立変数が t ひとつだけであるから,数学的にいえば,運動方程式とは〈常微分方程式〉のことである.〈運動〉とは,単に物体の空間移動のことだけでなく,あらゆる事物の変化のことを表す一般的な概念である.(1.28)のような運動方程式には,いろいろな問題でお目にかかる.たとえば,ある菌の個体数(あるいは,それに感染した患者の数)を $x(t)$ としよう.個体数に比例して新しい世代が生まれるとすれば,その時間変化は(1.28)で与えられる.いわゆる〈ねずみ算〉だ.他の例として,摩擦力を受けて運動する物体の速度を $x(t)$ としよう.摩擦力は速度に比例すると近似できることが多い.ただし,運動の方向と逆向きに作用するから(1.28)で $a<0$ としなくてはならない.このときの解 $x(t)=e^{ta}x_0$ は,初速度 x_0 から指数関数的に減少する速度を表す.このように比例関係に基づいて起こる変化(運動)を記述する関数として〈指数関数〉が導かれるのである.

といっても,こうした計算は「日常感覚」に照らし合わせて,まったく不自然だ.菌も患者も「ねずみ」も,どこまでも増え続けるわけではあるまい.また,摩擦で速度が減少するといっても,指数関数の減少では,時間がいくら経っても $x(t)$ は 0 にならない.これは常識からずれた結論だ.こうしたことからも〈比例則〉すなわち線形理論の限界がわかる.どうすれば,菌やねずみの増殖が生態系の中で一定のバランスを保ちえるのか? また,ブレーキで車が「止まる」のはなぜか? 第1.4節では,もう少しまともな計算を示そう.そ

れには〈非線形〉が必要となる.

さて，前項で述べたように，〈線形理論〉とは，比例関係に係わる理論を高次元の空間へ一般化する理論だ．したがって，指数関数も高次元へ一般化される．本項では，線形理論がどこへ行こうとするのかをみるのが目的だから，「高次元の指数法則」とは何かを述べておかなくてはならない．

上記の議論で，指数関数と微分方程式(1.28)の関係をみた．指数関数は比例関係の微分方程式(線形常微分方程式)によって「生成」されるのである．(1.28)では，変数 $x(t)$ は1次元であるが，これを n 次元のベクトル値関数 $\boldsymbol{x}(t)$ に一般化する．このとき，(1.28)の比例定数 a は $n \times n$ の行列 A に一般化される(式(1.27)参照)．こうして(1.28)は〈連立線形常微分方程式〉

$$(1.30) \qquad \frac{d}{dt}\boldsymbol{x} = A\boldsymbol{x}$$

に一般化される．これによって〈行列の指数関数〉が生成されるだろう．初期値を $\boldsymbol{x}(0) = \boldsymbol{x}_0 \in \mathbb{C}^n$ と与えて(1.30)を解き，その解を形式的に

$$(1.31) \qquad \boldsymbol{x}(t) = e^{tA}\boldsymbol{x}_0$$

と書こう．問題は，行列の指数関数 e^{tA} とは何かということである．これがわかれば，任意の初期条件 $\boldsymbol{x}_0$ に対して運動方程式(1.30)の解を与える写像が定義されたことになる(図1.5参照)．

指数関数の定義の仕方はいろいろあるが[*16]，ここでは，最も初等的な方法を採り，普通の指数関数と同様に，無限級数

$$(1.32) \qquad e^{tA} = \sum_{n=0}^{\infty} \frac{(tA)^n}{n!}$$

により定義しておこう．e^{tA} は t の正則関数であるから，展開係数を項別に比較して，〈指数法則〉

$$(1.33) \qquad e^{sA}e^{tA} = e^{(s+t)A}$$

を得る．明らかに $e^{0A} = I$ であるから $e^{tA}\boldsymbol{x}_0$ が初期条件をみたすことがわか

[*16] 指数法則の一般的な理論については，第2.3節で論じる．

1 非線形とは

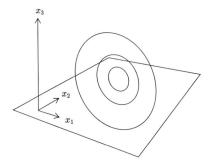

図1.5 連立線形常微分方程式(1.30)で記述される運動(異なる初期値から出発する3つの軌道).この例では,A は反対称行列(A の共役行列を A^* と書くとき,$A^*=-A$)である.このとき e^{tA} はユニタリ行列(($e^{tA})^*=(e^{tA})^{-1}$)となり,周期運動が得られる(第2.3節参照).

る.(1.32)の右辺を項別に微分すると

$$(1.34) \qquad \frac{d}{dt}e^{tA} = Ae^{tA}.$$

したがって,$e^{tA}\boldsymbol{x}_0$ が連立線形常微分方程式(1.30)をみたすことが証明された.

線形理論は,さらに「無限次元」にまで領野を拡大する(ノート1.1参照).行列 A で指数関数を生成したように,たとえば微分作用素

$$(1.35) \qquad \Delta = \frac{\partial^2}{\partial x^2}+\frac{\partial^2}{\partial y^2}+\frac{\partial^2}{\partial z^2}$$

の〈指数関数〉を生成するといった理論だ(ただし,微分作用素には〈境界条件〉を与えなくてはならない.たとえば境界上で $u=0$ とする〈ディリクレ(Dirichlet)境界条件〉を与える)[*17].指数関数 $e^{t\Delta}$ が生成できれば,拡散方程式

$$(1.36) \qquad \frac{\partial}{\partial t}u = \Delta u$$

の解を $u(x,y,x,t)=e^{t\Delta}u_0(x,y,z)$ と与えることができるだろう($u_0(x,y,z)$ は

[*17] 微分作用素 Δ が〈線形作用素〉であること,すなわち(1.23)の関係をみたすことを検証せよ.

初期値).あるいは,シュレディンガー方程式(無限に高いポテンシャル障壁で閉じ込められた電子の波動関数を $\psi(x,y,z,t)$ とする)

$$(1.37) \qquad i\frac{\partial}{\partial t}\psi = -\Delta\psi$$

の解を $\psi(x,y,x,t)=e^{it\Delta}\psi_0(x,y,z)$ と与えることもできる.

　このようなことを可能にするには,関数を線形空間におかれた〈ベクトル〉として捉える理論が必要である.関数の線形空間,すなわち〈関数空間〉は「無限次元」であるから,線形作用素を有限個の要素で構成される行列で表現することはできない.また,Δ の指数関数を(1.32)のような〈ベキ級数〉で定義することもできない.しかし,関数を分解/合成する適当な理論が作られれば,作用素の指数関数(さらには,いろいろな関数)をしかるべく定義し,その特性を分析することが可能となる(ノート 2.2 参照).これが,現代の線形理論が追求しているテーマのひとつである.

1.4　非線形——その現象と構造

1.4.1　非線形現象

　前節で述べたように,生物の増殖を考える場合,線形理論の範囲では指数関数的な変化しか予見できない.たしかに短い時間の範囲では,ねずみ算の原理にしたがって指数関数的な増加が起こるであろう.しかし,これは永久には続かない.個体数が増えすぎると環境が変化し,増殖率が小さくなる.その結果,個体数は頭打ちになるはずだ.さらに,ある種の生物(世代が重複せず,一斉に世代交代する昆虫など)の個体数は複雑な振動を起こすことが観察されている.これは〈カオス〉の典型的な例として数学的にも詳しく研究された[*18].現実世界では,多様な生態系の形成,維持そして破壊が起こる.生態系の変動を理解するためには,個体数変化が線形理論(指数法則)から逸脱する理由を解明することこそが鍵なのである.

---

　*18　R.M. May, "Simple mathematical models with very complicated dynamics", *Nature* **262** (1976), pp.459-467. 第 2.3.5 項参照.

1 非線形とは

　非線形性は〈自律性〉の数学的な表現だということもできよう．生態系の例では，増殖率という〈比例係数〉が所与の不変的な定数として増殖を支配するのではなく，生態系自身の状態(個体数の増減)によって変化する．この非線形性＝自律性をもつことによって，生態系は一定のバランスを達成したり，複雑な(予測が難しい)変動を生み出したりするのである．

　ここで自律というときの「自ら」の範囲は，単一のパラメタ(変数)に集約されるとは限らない．現実の生態系は，多数の種と資源が連関する「高次元」のシステムである．一般にシステムの自律性とは，それを構成する多数の要素が結合した自律性である．図1.5で示したように，線形系を構成する各パラメタは「分解可能」であり，それぞれの変数ごとの指数法則に還元できる(第2.3節参照)．この還元可能性こそが，線形理論の中核をなす「秩序」のパラダイムである．しかし，非線形系では，それを構成する内在的自由度は，一般に「分解不可能」であり，極めて複雑な「絡み合い」が生まれる．

　その幾何学的なイメージは，図1.6によく示されている．これは，気象学者ローレンツが考案した簡単な非線形連立微分方程式(〈ローレンツ方程式〉と呼ばれる)[19]を数値計算して得られる曲線である．ひとつの初期値から出発した運動は，極めて込み入った軌道を描き，その曲線は自らに無限に絡み合う(線形系の簡単な例として示した図1.5と比較されたい)．軌道は，蝶の羽のような2つの葉状の領域を不規則に行ったり来たりする．ローレンツ方程式は〈カオス〉を生み出す非線形微分方程式としてしばしば例に用いられる．

　分解不可能な多自由度の協働は，高度な機能を生み出すメカニズムにもなる．生物は巧みに非線形性を応用していることがわかってきた．神経系の情報伝達は，ミクロにみると電気化学反応による信号パルスの伝播であるが，これは極めて非線形性が強い回路特性をもつ．信号伝播というミクロの現象から，知覚，記憶，認識といった脳の機能を解明したり，それに近い電気回路を設計したりという研究がおこなわれている．

　現代の科学は，ほとんどすべて非線形を問題にしているといってよいだろ

---

[19] E.N. Lorenz, "Deterministic nonperiodic flow", *J. Atmos. Sci.* **20** (1963), pp. 130-141.

1.4 非線形

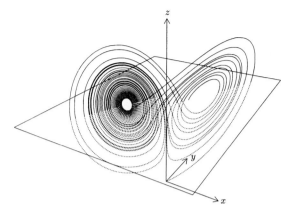

図 1.6 ローレンツ方程式と呼ばれる簡単な気流の数理モデルによって計算された曲線.気流の複雑性(カオス)を表象する.O.E. Lanford: "Computer picture of the Lorenz attractor (Appendix to Lecture VII)", Springer Lecture Notes in Mathematics 615, pp. 113-116, Springer-Verlag, Berlin-Heidelberg (1977) から引用.

う.上記の例のほかにも,銀河の美しい渦巻き模様の形成,太陽で起こる激しい爆発現象(フレアー),気象や地殻変動が示す周期的と非周期的の中間ともいえるような複雑性,生物がもつ高度な機能や構造の発生,あるいは進化の問題など,線形理論ではあつかえない〈非線形現象〉の実例は枚挙に暇がない.

1.4.2 「歪み」の類型

最初に述べたように,「非線形」といっただけでは,線形との対立が措定されただけで,具体的な特徴が示されていない.法則を幾何学化したグラフの概念でいえば,グラフが「平面でない」といっただけである.これでは,具体的な内容をもつ理論を作ることはできない.グラフが平面ではなく「どう曲がっているのか」という幾何学的な特徴を指定し,その結果なにが起こるのかを考えるのが理論なのである.

グラフの歪みには加速型と減速型がある(図 1.7).直観的にいうと,加速型は非線形性をますます強くするものであり,激しい現象(爆発など)を引き起こす.反対に,減速型は「飽和」をもたらす働きをする.高次元では,両者が共存することもある.

1 非線形とは

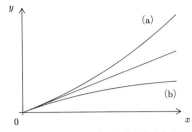

図 1.7 (a)加速的な歪みと(b)減速的な歪み．

生物の増殖のモデルで考えてみよう．生物の個体数を x で表し（簡単のために整数と限定せず実数とする），単位時間あたりの増加数が ax で与えられるとする．増殖率 a が定数であるときは線形である（(1.28)参照）．この場合，増殖を記述する方程式

$$\frac{d}{dt}x = ax \tag{1.38}$$

を初期値 $x(0)=x_0$ (>0) に対して解くと，指数法則 $x(t)=e^{at}x_0$ を得る．

増殖率 a が x に依存して変化すると非線形である．$a(x)=b(1+\varepsilon x)$ としてみよう．ただし，b (>0) と ε は実定数とする．$\varepsilon=0$ のとき線形，$\varepsilon>0$ のとき加速型非線形，$\varepsilon<0$ のとき減速型非線形である．非線形増殖方程式

$$\frac{d}{dt}x = b(1+\varepsilon x)x \tag{1.39}$$

を解くと[20]

$$x(t) = \frac{1}{e^{-bt}(x_0^{-1}+\varepsilon)-\varepsilon} \tag{1.40}$$

を得る（図 1.8）．$\varepsilon=0$（線形）の場合は指数関数 $x(t)=e^{bt}x_0$ を得る．$\varepsilon>0$（加速型）のとき，時刻 $t=t^*=b^{-1}\log[1+(\varepsilon x_0)^{-1}]$ において〈爆発(blow up)〉が起こる．逆に $\varepsilon<0$（減速型）のとき，$x(t)$ は $-\varepsilon^{-1}$ に漸近しながら〈飽和(saturation)〉する．線形モデルでは指数関数的にどんどん大きくなる〈不安定性〉が，減速型の非線形効果によって抑制されるからである．

---

[20] $y=\varepsilon+x^{-1}$ と変数変換すると，(1.39)は線形微分方程式 $dy/dt=-by$ に帰着する．これを解いて，変数をもとに戻せばよい．

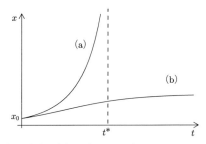

図 1.8 非線形増殖．(a)加速型の場合は $t=t^*$ において「爆発」が起こる．(b)減速型では「飽和」が起こる．

1.4.3 小さなところで発現する非線形性——特異点

比例関係から外れることが〈非線形〉ということの原義である．「正則(regular)」な現象に対しては，変数の変動が大きくなると非線形性が発現する．すなわち，グラフの歪である．ここで「正則」とは，日常的な理解では「まず比例関係という常識的な関係性を想定でき，変動が大きくなると歪みが現れてくる」という意味であり，解析学の概念では「テイラー級数展開が可能(0 でない収束半径をもつ)」という意味である(第 1.2.2 項参照)．

これに対して〈非正則〉ということを考えなくてはならない場合がある．これは，変数の「変動が小さなところ」でいきなり発現する非線形性である．つまり「まず比例関係」という前提が成り立たない．いわば「スケールが 0 に縮退した非線形性」だ．線形近似が成り立つスケールはテイラー級数展開の収束半径で評価されるのであった(第 1.2.2 項)．非正則とは，したがってテイラー級数展開不可能(収束半径=0)という意味である．これは，幾何学的なイメージで表すと，グラフに「尖り」や「不連続性」があることに対応する．正則性が壊れるところを〈特異点〉という．

たとえば，

$$f(x) = |x|^p \quad (p \leq 1) \tag{1.41}$$

としよう．このグラフは $x=0$ で尖っている(図 1.9 参照)．$x=0$ の近傍で，この関数をテイラー級数展開しようとすると，1 次の項の微分係数 $f^{(1)}(0)$ (すな

1 非線形とは

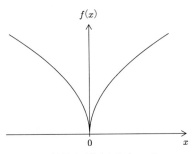

図1.9 特異点(尖り)をもつグラフ.

わち比例係数)の値が一意に定まらない．したがって，$|x| \ll 1$ において，これを〈線形近似〉することはできない(いかなる比例関係によっても，これを表現することができない)．とくに $p<1$ であるとき，$x \to 0$ の極限で $f(x)$ は「急に」$f(0)$ に漸近する．逆に $x=0$ からわずかにずれると，$f(x)$ は急激に変化する．

　特異点が生態系に作用するとどうなるかをみよう．減数する系を考える：

$$(1.42) \qquad \frac{d}{dt}x = -\sqrt{|x|}$$

に対して初期条件 $x(0)=x_0$ (>0) を与えて解くと

$$(1.43) \qquad x(t) = \begin{cases} (t_0-t)^2/4 & (t < t_0 = 2\sqrt{x_0}), \\ 0 & (t \geqq t_0) \end{cases}$$

を得る．$x(t)$ は有限な時間 t_0 で 0 になる．絶滅するのだ．線形理論から導かれる指数法則では，決して有限時間で 0 になることはないのだが，$x=0$ を特異点とする非線形性(1.41)は，x が 0 に近づくほど強く効いて，有限時間での絶滅を引き起こすのである(図 1.10 参照)．

　特異点は，もっと不思議な作用もする．(1.42)は生態系モデルだと考えたから，個体数を表す $x(t)$ は負値をとらないと仮定したのだが，これに負の値も許すと，いったん $t=t_0$ で 0 になった後，任意の時刻 $t_1 \geqq t_0$ で $x=0$ を離れて，さらに負値へ減少を続けることができる．すなわち

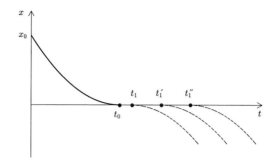

図 1.10 特異点近傍の強い非線形性によって起こる運動. 有限時間で絶滅する. また, 一意性が失われる.

$$
(1.44) \quad x(t) = \begin{cases} (t_0-t)^2/4 & (t < t_0 = 2\sqrt{x_0}), \\ 0 & (t_1 \geqq t \geqq t_0), \\ -(t-t_1)^2/4 & (t > t_1 \geqq t_0) \end{cases}
$$

なる解を得る. t_1 は t_0 以上という条件下で任意であるから, (1.42)の解は, 特異点 $x=0$ に接したところで〈一意性〉を失うのである(図 1.10 参照).

運動方程式(微分方程式)の初期値問題に対する解が一意的でないとき, その運動は「予測不可能」である[*21]. なぜなら, 同じ初期条件から出発しても, いろいろな状態へ発展する可能性があるからだ. 通常, 私たちは運動方程式の初期値問題の解は一意的に定まると考える. これを〈決定論〉という. 常微分方程式の解が一意的に定まる条件についてはノート 1.2 を参照されたい.

1.4.4 線形性を免れて発現する非線形性——臨界点

もうひとつ, 線形近似が不可能でいきなり非線形という場合がある. それは, 正則でありながら比例係数 $f^{(1)}(x_0)$ が 0 となる場合である. 1 次の項が消えてしまう点 x_0 のことを〈臨界点(critical point)〉という.

臨界点の近傍では, まずは $y \equiv f(x_0)$ として y は x に無関係であると考えてもよいのだが, y の精度を高めると $y-f(x_0)=f^{(2)}(x-x_0)^2/2+\cdots$ という非

[*21] いわゆる〈カオス〉が, 予測の困難さを意味するのとは異なる概念である.

線形の関係性がみえてくる．ここで精度を高めるというのは，y の変動を倍率を上げて観察すること，すなわちファクター δ^{-1} ($|\delta|\ll 1$) を掛けて $\check{Y}=[y-f(x_0)]/\delta$ と変換するという意味である．この δ は変数 y の変動について私たちが着目するスケールである．$|f^{(2)}/\delta|\approx 1$ 程度になると，$|x-x_0|<1$ の領域で 2 次の項がみえてくるのである(あるいは，さらに高次の項からみえる場合もあるだろう)．

線形の場合(比例関係が縮退していない場合)は，従属変数 y のスケール変換は比例係数の大きさを変えるだけである．しかし，臨界点では法則が「形」を変えることがみえてくる．法則の「傾向」が変質するところ——増加傾向から減少傾向に転ずるというような質的変化が起こるところ——が臨界点である．

高次元の空間(独立変数が複数の場合)に対しては，次のように一般化される．$\boldsymbol{x}\in X=\mathbb{R}^n$ を独立変数とする滑らかな[*22]関数 $f(\boldsymbol{x})$ を考える(f の値域は $Y=\mathbb{R}$ に属するとする)．f によって定められるグラフを G とする．G は $Z=X\times Y=\mathbb{R}^{n+1}$ にはめこまれた曲面である．点 $\boldsymbol{x}=\boldsymbol{x}_0$ の近傍で，グラフ G に接する平面 G' を考える．G' が X のすべての基底ベクトル $\boldsymbol{e}_j\in X$ に対して平行であるとき，$\boldsymbol{x}_0$ を f の臨界点という．臨界点における値 $f(\boldsymbol{x}_0)$ を〈停留値(stationary value)〉という．極大値あるいは極小値(双方をあわせて極値という)は停留値であるが，極値でない停留値もある(図 1.11 参照)[*23]．

臨界点では $f(\boldsymbol{x})$ のすべての 1 次偏導関数 $\partial f/\partial x_j$ ($j=1,\cdots,n$) が 0 となるので，テイラー級数展開の 2 次以上の項(非線形項)が〈支配項(principal term)〉となる．臨界点で線形近似が「不可能」だといったのは，線形近似が

[*22] 普通「滑らか」とは，無限回連続微分可能であること(C^∞-級)をいう．テイラー級数展開が有限な収束半径をもつという条件は C^∞-級であることより厳しくて〈正則〉あるいは〈解析的(analytic)〉であるという．前項で述べたように，線形近似をテイラー級数展開によって表現しようとするなら，関数が正則であることが必要である．一方，臨界点を定義するためだけには，1 回連続微分可能(C^1-級)であればよい．

[*23] 写像 $\boldsymbol{f}$ の値域が複数次元である場合も，$\boldsymbol{f}$ の各成分について臨界点が問題となる．とくに重要なのは $X=Y=\mathbb{R}^n$ の場合である．このとき，$\boldsymbol{f}$ は空間 X における〈変数変換〉を与える写像と考えることができる．$\partial f_j/\partial x_k$ を成分とする行列をヤコビ行列という．局所的には，変数変換はヤコビ行列で線形近似できる．ヤコビ行列の行列式を $D(f_1,\cdots,f_n)/D(x_1,\cdots,x_n)$ と書き〈ヤコビアン(Jacobian)〉という．これが 0 となる点を $\boldsymbol{f}(\boldsymbol{x})$ の臨界点という．臨界点では変数変換が 1 対 1 に定まらない．

1.4 非線形

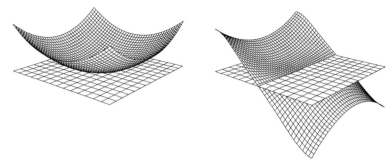

図 1.11 いろいろな臨界点(左図:極小点,右図:停留点)と,臨界点近傍におけるグラフの接平面(線形近似).

「意味を失う」という意味である.

臨界点は一見すると特別な点なのだが,面白いことに,しばしば自然は(また社会も)自ら臨界点を生成する傾向をもつ.

たとえば,砂時計の中の小さな砂丘.砂が積もって砂丘の傾斜が強くなると不安定になって崩れる.崩れて少し平坦になると安定化して,また次第に傾斜が増える.この繰り返しは,安定(変動によってエネルギーが増加する)と不安定(変動によってエネルギーが減少する)の境目を中心にした振動であるが,この「境目」が臨界点だ.臨界点のまわりの振動は,振り子の運動,すなわち変位に比例する復元力が働くことで起こる振動とは異なる性質をもつ.復元力がなくなって(安定領域から不安定領域に移行して)不安定性が起き,構造そのものが変化して安定性が回復するという繰り返しなのである.一挙に大きく崩れることもあれば,小さな崩壊が繰り返され臨界点が保持されることもある.臨界点をめぐる運動は非線形であるために極めて複雑である.

臨界点では,線形法則の呪縛が解かれて(つまり線形近似が失効し),非線形効果が現象を直接的に支配する.したがって,線形法則の世界,あるいは線形法則で近似される世界では起こりえない現象が,臨界点から萌芽する.このことを以下の項で説明しよう.

1.4.5 分岐(多価性)と不連続変化

線形理論のグラフではありえないが,非線形なら起こりえる現象のひとつと

1 非線形とは

して「複数の解の存在」ということがある.

線形方程式は, 解があるとすれば一意的であるか不定であるかのどちらかである. 不定とは「解が無限個ある」という意味である. つまり, 有限個の複数の解があるということはありえない. まず, このことを確かめておこう. 線形写像 f を考える. 定義域と値域は, それぞれ実(あるいは複素)線形空間に含まれるとする. 方程式

$$(1.45) \qquad y = f(x)$$

を x について解く場合を考えよう. 仮に1つの y に対して2つの異なる解 x_1, x_2 が存在したとする. すなわち $y=f(x_1)$ と $y=f(x_2)$ が同時に成り立つと仮定する. 辺々を引き算すると $0=f(x_1)-f(x_2)=f(x_1-x_2)$ を得る(f の線形性を使った). 任意の実数(複素線形空間の場合は複素数) α に対して

$$x_\alpha = \alpha x_1 + (1-\alpha)x_2$$

とおこう. 仮定により $x_1 \neq x_2$ であるから, $\alpha \neq 1$ であれば $x_\alpha \neq x_1$, $\alpha \neq 0$ であれば $x_\alpha \neq x_2$ である. f の線形性を使って

$$f(x_\alpha) = f(x_2) + \alpha f(x_1 - x_2) = f(x_2) = y$$

を得る. したがって, x_α も (1.45) の解である (α は任意). こうして, 線形法則では, 2個の異なる解があれば無限個の異なる解があること(不定であること)が示された. 不定になるのは f のグラフが停留値をとるということに他ならない(平坦なグラフであるから無限に停留する).

非線形方程式の場合((1.45)で $f(x)$ が非線形写像である場合)には, 有限個の複数の解が存在することがある. グラフを x 軸の方向にみたとき「重なり」が生じている場合である(図 1.12). 複数の解を, それぞれ〈枝(branch)〉という.

図 1.12 のような「ひだ」をもつグラフは, たとえば次のような問題で現れる. ある素子を流れる電流を x とする. この素子に一定の電圧 y を与えたとする. 素子の電気抵抗を R とすると, $y=Rx$ の関係がある. R が x に応じて変化するというのが非線形効果である. ここでは

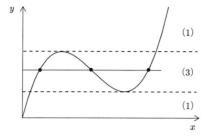

図1.12 「ひだ」をもつグラフ. $y=f(x)$ を x について解こうとすると, y の値に応じて, 解が1個の領域(1)と3個の領域(3)がある. 解の数は臨界点($f(x)$ が極値を取る点)で変化し, ちょうど臨界点では2個である. y をパラメタとして変化させると, 解は臨界点で発生あるいは消滅する.

$$(1.46) \qquad R(x) = a(x-c)^2 + b$$

となる場合を考える(a,b,c は正の定数とする). $x<c$ の範囲では x の増加とともに $R(x)$ は減少するが, $x>c$ となると $R(x)$ は増加に転ずる. 異なる2つの電気伝導メカニズムが拮抗するときなどに, このようなモデルが適用できる. 素子を流れる電流は $y=[a(x-c)^2+b]x$ を x について解いて得られる. 適当なパラメタ y,a,b,c を選ぶと3つの解が得られる. ただし, 中間の解は不安定である(なぜか説明せよ).

図1.12からわかるように, グラフの重なりの発生点(あるいは消滅点)は〈臨界点〉である. 前項で述べたように, 〈通常点〉——すなわち, 臨界点でない点——の近傍は線形方程式で近似される(ただし $f(x)$ は正則な関数とする). したがって, 解は局所的には一意に定まるはずだ. 解が〈分岐(bifurcation)〉をはじめる点, すなわち近傍に複数の解が存在しえる点は, 線形近似すると不定になる点でなくてはならない. すなわち臨界点である.

変数 y をパラメタとして連続に変化させたとき, $y=f(x)$ の解 x は, それぞれの枝の上で連続に変化する. しかし, 臨界点に近接する枝の解はついに臨界点で消失し, さらに解を求めようとすると, 他の枝の解へ乗り移らなくてはならない(図1.12参照). すなわち, パラメタ y の連続変化に対して解 x は不連続に変化する.

1 非線形とは

不連続な変化は,しばしば人知を超えた恐慌(カタストロフィー)とみなされる.私たちは微小変化を連続に延長してマクロな描像を構成しようとするからだ.グラフ自体が不連続である場合に不連続現象が起こるのは自明だが,ここでみたのは,グラフそのものは連続でありながら,解(グラフ上の状態変数)が不連続に変化するという現象である.不連続変化が起こるのは線形近似が失効するところ,すなわち臨界点である.

あるひとつの解の性質(パラメタを変化させたときの振る舞い)をローカルに(パラメタの微小変化の範囲で)観察しても(つまり線形理論の範囲で考察しても),その解がどの枝の上にあるのか分からなければ,不連続変化を予測することはできない.グラフの「歪み」→「ひだ」→「重なり合い」という非線形性を把握してはじめて,私たちは注目している解のグローバルな意味(広い空間での位置づけ)を理解できるのである.

このグローバルな理解ということこそ科学の究極の目標であるが,もちろん容易な課題ではない.異なる要因の拮抗(二項対立あるいは多項の対立)は臨界点を作る.多数の要因が連関する系では,グラフは多次元の空間にはめこまれ,多様に歪み,多数のひだをもち,幾重にも重なり合った複雑な形状をもつ.そのような多様体が〈複雑系(complex system)〉の幾何学的な表象である.たとえば,多数の種が食物連鎖のネットワークを形成している生態系や,さまざまな物質がいろいろな状態(相)をとりながらエネルギー輸送をおこす地球というシステムは,いくつもの枝に分岐した解をもつ.私たちをめぐる現実は,そのひとつが「歴史的」に選ばれ,多くの臨界点を通過しながら発展してきた〈通時態〉として理解する必要がある.

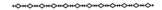

ノート1.1(関数空間)　数理科学の分析は「事象」を計量して数値化することから始まる.ある事象を記述するためには,いくつの変数(パラメタ)が必要か?——これが最初の問題となる.「数理化された事象=ベクトル」という対応において,ベクトルの次元(自由度)はいくらかという問題である.

たとえば,古典力学で考える粒子(質点)の状態とは,その位置と速度(一般的にいえば運動量)によって決定される6次元のベクトルである.これに対して量子力学では,粒子の状態は〈波動関数〉によって表現されると考える.関数によって表

現される「事象」を考えることは，量子力学に始まることではない．関数，すなわち空間に分布した量(物理学では〈場(field)〉という)を対象とする理論は数理科学の広範におよぶ．水面を伝わる波，電磁場，温度の分布や物質の密度分布などをあつかうさまざまな理論がある．生態系を論じる場合も，生物種の全数変化のみでなく空間的な分布まで考慮しようとすると，種の分布を時空間の関数によって表現し，その運動を記述する理論を作らなくてはならない．

　直観的に考えても，関数は無限の多様性をもつから，その自由度は無限である．すなわち，事象が関数によって表現されるということは，その事象を計量すると「無限次元」のベクトルになる．したがって〈関数〉を〈無限次元のベクトル〉と等値する理論が必要となる．

　関数の全体集合を〈関数空間(function space)〉という．関数はあらかじめ〈成分〉によって定義されたベクトルではないが，関数についてのベクトル算法をしかるべく定義することによって，関数空間は〈線形空間〉となる．たとえば，実変数 x に関する連続な実数値関数 $f(x)$, $g(x)$ に対するベクトル算法は，各点 x で

(1.47) $$(\alpha f+\beta g)(x) = \alpha f(x)+\beta g(x) \quad (\alpha, \beta \in \mathbb{R})$$

と計算する約束にすればよい．

　しかし一般的には，かならずしもすべての点で定義されているとは限らない関数(いわゆる超関数など)を考える必要があり，(1.47)の計算を各点 x でおこなうという定義ではうまくない．そこで，まず最初に，関数どうしの「差異を測る基準」を定義し，その基準のもとでいろいろな演算を監視する．連続な関数については，各点で関数値を監視すればよい．各点ではなく，差異の積分値を監視する方法もある．たとえば，実数区間 (a,b) 上で定義された関数 $f(x)$ と $g(x)$ の差異を

(1.48) $$\|f-g\|_p = \left[\int_a^b |f(x)-g(x)|^p\, dx\right]^{1/p}$$

によって計量する($1 \leq p < \infty$)．こうすれば，各点で関数の値が定義されていなくても可測関数であればよい．差異を測る基準のことを〈位相〉あるいは〈トポロジー(topology)〉という(ノート4.1でいくつかの異なるトポロジーの定義を紹介する)．ベクトル演算(1.47)を約束するためには，その右辺と左辺の関数が等しいことを検証する基準として，まず位相が定義されていなくてはならない．その意味で，関数空間のことを〈線形位相空間(topological linear space)〉という．関数空間の 2 つの点(2 つの関数)の差異を(1.48)のような基準(これを〈ノルム〉と呼ぶ)を定義して計量する関数空間を〈バナッハ(Banach)空間〉と呼ぶ．ただし，関数空間の中で解析学の極限操作に関する理論を構築するためには，ノルムで計量した距離に関してコーシー列を考えたとき，それが関数空間の中に必ず収束点をもつこと(これを〈完備性〉という)を要請しておく必要がある．

　関数空間の元を〈成分〉に分解して表示しようというのが〈フーリエ級数展開(Fourier expansion)〉の理論である．ベクトルの成分は〈内積〉の概念によって導

1 非線形とは

入されるのであった．内積が定義されたバナッハ空間を〈ヒルベルト(Hilbert)空間〉という．ヒルベルト空間において，関数の成分という概念に意味を与えることができる．たとえば，実数区間 $(-\pi, \pi)$ 上で定義された関数 $f(x)$ と $g(x)$ の内積を

$$(f,g) = \int_{-\pi}^{\pi} f(x)\overline{g(x)}\, dx \tag{1.49}$$

と定義する．$\|f\|_2 = (f,f)^{1/2}$ の関係があるから，$\|f\|_2$ はユークリッド空間の距離とアナロジーがある．(f,g) によって内積，$\|f\|_2$ によって位相(ノルム)が定義されたヒルベルト空間を $L^2(-\pi,\pi)$ と書く．一般に $\Omega \subseteq \mathbb{R}^n$ 内で定義された関数 $f(\boldsymbol{x}),\, g(\boldsymbol{x})$ に対しても内積を

$$(f,g) = \int_\Omega f(\boldsymbol{x})\overline{g(\boldsymbol{x})}\, dx, \tag{1.50}$$

そしてノルムを $\|f\|_2 = (f,f)^{1/2}$ によって与えてヒルベルト空間を定義することができる．これを $L^2(\Omega)$ と書く．

さて，$f(x) \in L^2(-\pi,\pi)$ をフーリエ級数展開するとは，$\varphi_k(x) = e^{ikx}/(2\pi)^{1/2}$ ($k \in \mathbb{Z}$) において

$$f(x) = \sum_{k=-\infty}^{+\infty} a_k \varphi_k(x) \tag{1.51}$$

と書くことである．(1.51)の等号の正確な意味は，適当な数列 $(\cdots, a_{-1}, a_0, a_1, \cdots)$ を選ぶことによって

$$\lim_{n \to \infty} \|f(x) - \sum_{k=-n}^{n} a_k \varphi_k(x)\|_2 = 0 \tag{1.52}$$

とできることである．展開係数 a_k は

$$a_k = (f, \varphi_k) = \int_{-\pi}^{\pi} f(x) \overline{\varphi_k(x)}\, dx \quad (k \in \mathbb{Z}) \tag{1.53}$$

と計算できる．ここで $\varphi_k(x)$ ($k \in \mathbb{Z}$) を無限個の〈基底ベクトル〉と思うと，(1.51)は無限次元ベクトル $f(x)$ の基底ベクトルによる分解表示であり，a_k はベクトルの成分とみることができる．(1.15)と比較されたい．

上記の基底ベクトルが〈正規直交系〉を成すこと，すなわち $(\varphi_j, \varphi_k) = \delta_{jk}$ が成り立つことは容易にわかる．さらに〈パーゼヴァル(Parseval)の等式〉

$$\|f\|_2^2 = \sum_{k=-\infty}^{+\infty} |(f, \varphi_k)|^2$$

が成り立つことが示され，この基底は〈完全系〉であることがわかる．

関数空間の理論，関数空間における解析学については，巻末に参考文献をあげる． □

ノート1.2(常微分方程式の初期値問題)　常微分方程式(時刻 t を独立変数とする微分方程式)の初期値問題とは，$t=0$ における状態(従属変数の値)を初期値として与えて $t\geq 0$ の状態を常微分方程式によって決定する問題のことである．従属変数 $\boldsymbol{x}$ は $\mathbb{C}^n$ に値をとるベクトルであるとし，$\boldsymbol{\varphi}(\boldsymbol{x},t)$ は $\mathbb{C}^n \times \mathbb{R}$ から $\mathbb{C}^n$ への1価の関数とする．$\boldsymbol{x}(t)$ の時間変化を支配する常微分方程式

$$\frac{d}{dt}\boldsymbol{x} = \boldsymbol{\varphi}(\boldsymbol{x},t) \tag{1.54}$$

の初期値問題を考える．$\boldsymbol{\varphi}(\boldsymbol{x},t)$ が $(\boldsymbol{x},t)$ について連続関数であるとき，初期値問題の解が存在する．しかし，解は一般的には一意的に定まるとは限らない．

解の一意性を保証するためには以下の条件を要する．時空間 $\mathbb{C}^n \times \mathbb{R}$ の領域 D において，適当な定数 $L>0$ をとって

$$|\boldsymbol{\varphi}(\boldsymbol{x}_1,t)-\boldsymbol{\varphi}(\boldsymbol{x}_2,t)| \leq L|\boldsymbol{x}_1-\boldsymbol{x}_2| \quad (\forall (\boldsymbol{x}_1,t),(\boldsymbol{x}_2,t) \in D) \tag{1.55}$$

がみたされるならば，D において(1.54)の解は一意であることが示される(〈Cauchy-Lipschitz の一意性定理〉という)．(1.55)を〈リプシッツ(Lipschitz)条件〉といい，この条件をみたす関数は〈リプシッツ連続〉であるという．

線形写像は($\mathbb{C}^n$ 全体で定義されていれば)必ずリプシッツ連続である．非線形写像は，一般に不連続であることもあるし，連続でもリプシッツ連続でないこともある．(1.41)は，特異点 $x=0$ を含む区間で，連続であるがリプシッツ連続ではない関数の例である．

常微分方程式の理論については，巻末に参考文献をあげる．　□

2 規則性からカオスの深淵へ

ありのままの自然は，多様で予測不可能な複雑系である．しかし，さまざまな現象の深層には「秩序」があるのではないか？ そうであれば，どうすれば複雑性の中に埋もれた秩序を探り当てることができるだろうか？ 秩序を見出せば，私たちは自然現象を予測し，その力を利用することもできるはずだ——こうした期待（あるいは思いこみ）が，ずっと科学の基本的な動機であった．宇宙のことをコスモス(cosmos)という．この言葉に，自然をみる私たちの基本的な姿勢が象徴されている．コスモスのもともとの意味は秩序である．すなわち宇宙は秩序体系であり，科学は，その「秘密」を読み解く学というわけだ．しかし，現代の科学は，宇宙をむしろカオス(chaos)とみる．カオスとは，秩序体系が形成される以前の姿だ．自然に対する見方が，このように変遷してきた理由を考えてゆこう．

2.1 秩序を読み解く——幾何学化された自然

2.1.1 ガリレイの自然観

ガリレイはピサの僧院で吊灯(ランタン)の運動を観察し，振り子の周期は振幅によらない一定の値をもつこと(等時性)を発見したといわれている．あらゆる事象が複合して混沌とした現実の中から「運動の規則性を発見してゆく」というのが，科学の基本的な目標である．当時20歳前であったガリレイは，吊灯の振動についての注意深い観察から，宇宙を支配する原理の探求へと一歩を踏み出したのである．

秩序の探求は，一般的には容易なことではない．それは，自然の中に巧みに

図 2.1 ガリレイ．振り子の運動から規則性を見出したことは伝説的である．自然科学を数学(幾何学)の地平におき，厳密科学へと高めた．しかし，その理論的態度は，自然を数学と等置するフィクションだとして，現象学から批判を受ける[E. フッサール，『ヨーロッパ諸学の危機と超越論的現象学』(細川恒夫，木田元訳)，中央公論社，1995]．

隠されている．秩序，そして「原理」の発見に成功した例を天文学の歴史にみることができる．〈惑星〉の一見無秩序な運動についての研究から，万物の運動ということの深層にある原理が明らかにされたのである．数多の星たちの間を彷徨うように運動するひときわ明るい星がある，それが惑星だ．その奇妙な軌道は，実は私たちの視点も動くと考えると(いわゆる地動説)，ひとつの単純な構造すなわち〈コペルニクスの宇宙体系〉の中に包摂される．すなわち，惑星たちの運動は，それぞれ太陽を重心のひとつとする楕円の軌道によって表される．そして，惑星のひとつである地球から他の惑星の運動を観察すると，奇妙な曲線が描かれるというのである．

　天動説から地動説への転換は，数学の言葉でいえば，座標変換である．現代の力学理論も，根本はまさにこれを目指している．一見複雑で多様な運動を，いかに見方を変えて(すなわち座標変換あるいは変数変換をおこなって)単純な運動に帰着するか——これが運動に関する物理学の中心的なテーマである．

　〈運動〉とは，物体の空間移動に限らず，極めて一般的な通時的事象を表す概念だといえる．電気回路を流れる電流・電圧の変化，化学反応の進行，生物の発生や進化，生態系の変動，さらに経済現象(株価の変動，物資の流通)を含むさまざまな社会現象——これらの事象を計測によってベクトル化すると(第1.3.1項参照)，その時間変化はベクトル空間の中の〈軌道〉(矢印の先端が移動することによって描かれる曲線)によって表現される．自然界(あるいは社会)に起こるさまざまな運動を，軌道という曲線の幾何学に還元し，座標変換という数学的な手続きで分析すること——これがガリレイの目指した「自然の幾何学化」だ．ここから運動を論じる科学は数学の地平で展開し始めたのである．

2.1.2 事象の幾何学化——その任意性と見え方

 私たちは，関心を向ける対象を〈ベクトル〉と同一視し，その矢印の先端が描く軌道を幾何学的に分析することで〈運動〉の秩序を知ろうとしている．では，対象をどのような〈ベクトル空間〉に写しとればよいのか？ 対象を十分に分析するには，どのような〈基底〉——すなわち対象を計量する基準(第1.3.1項参照)——が適当であるのか？ 〈基底〉を選び変えると，事象の見え方はどのように変わるのか？ まず，これらの基本的な問いについて，簡単な例をあげて，考えてみよう．

 図2.2(a)は振り子(調和振動子)の運動について，振れ角 ϕ と時刻 t の関係をグラフにしたものである．異なる振幅をもつ2つの運動を同時に描いている．2つの曲線が交わる点があることに注目しよう．交わった点からみると，同じ状態から始まって2つの異なる運動が起こることになる．これでは運動の完全な記述——因果関係の明確な表示——とはいえない．そこで，他の変数が運動に関与していると考えなくてはならない．振り子の運動を記述するには，1個のパラメタ ϕ だけでは足りないのである．

 図2.2(b)は，振れ角 ϕ と同時に，その時間微分(すなわち角速度) $\phi'=d\phi/dt$ を時刻 t の関数としてグラフにしたものである．この空間において，異なる運動のグラフは，もはや交わることはない．異なる初期条件から出発した運動

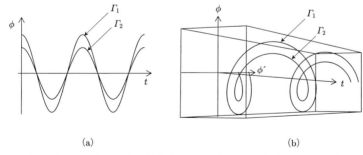

(a) (b)

図2.2 調和振動子における(a)時刻 t と振れ角 ϕ のグラフ，(b)時刻 t と振れ角 ϕ，角速度 ϕ' のグラフ．(b)のグラフを t-ϕ 平面へ射影すると(a)のグラフになる．2つの異なる運動 Γ_1, Γ_2 は，(a)のグラフでは完全に分離できない．

2　規則性からカオスの深淵へ

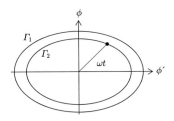

図 2.3　状態空間(ϕ：振れ角，ϕ'：角速度)に描かれる調和振動の軌道．図 2.2(b) の 2 つのグラフ Γ_1 と Γ_2 を ϕ-ϕ' 平面へ射影した曲線．$\phi(t)=\phi_0\sin(\omega t)$，$\phi'(t)=\omega\phi_0\cos(\omega t)$ により与えられる楕円である．

は，たしかに異なる運動として記述される．こうして，振り子の運動を記述するためには 2 つのパラメタ ϕ と ϕ' を計測する必要があること，すなわち振り子は ϕ と ϕ' で張られる 2 次元のベクトル空間に属するベクトルと同一視すべきことがわかる．

事象を写しとるべきベクトル空間を〈状態空間〉といい，その次元を〈自由度〉という(第 1.3.1 項参照)．図 2.2 は，状態空間に時刻 t の座標を加えた空間，すなわち〈時空間(time-space)〉において運動をグラフ化したものである．このグラフを状態空間へ射影した曲線が〈軌道〉である．図 2.2(b) を ϕ と ϕ' で張られる 2 次元ベクトル空間に射影すると図 2.3 のようになる．

もちろん，私たちが直視できる振り子という対象は，いわゆる〈位置ベクトル〉がおかれる 3 次元空間の中で運動している．この比較的単純な運動ですら，x, y, z 座標の基底によって記述したのでは，その秩序の本質がみえてこない．ガリレイが，その慧眼によって見出したのは，振幅と振れ角の分離可能性——振幅によらず振れ角が規則正しく変化すること——であった．これを幾何学的に表現したのが，図 2.3 の相似な楕円である(第 2.4 節で，運動の秩序態はさらに単純化される)．

ある現象が自律的なものであるならば，運動の始まる時刻をいつにしても，同じ運動になるはずである．すなわち，時刻 t の原点を移動する変換($t\to t+c$)に対して運動は不変である．このような系を〈自律系(あるいは自励系；autonomous system)〉という．

これに対して，自律的でない現象とは，その系が独立しておらず，外部(環

境)と相互作用している場合の現象である．外部条件の変化のために，時刻をずらして出発すると異なる運動が起こることになる．外部条件に依存するために「閉じていない」という意味で，このような系を〈開放系(open system)〉とも呼ぶ．

自律的な運動の場合，異なる初期値から出発する軌道(状態空間の中に描かれる曲線)が交わることはない．実際，2つの軌道が交わる点があるとすると，そこを初期値とする運動に2つの進みかたがあることになる．一方，自律的でない運動の場合，軌道は，時空間のグラフと異なり，交わることがあってもよい．同じ点から出発しても，出発時刻が違えば進み方は異なるかもしれないからだ．したがって，自律的な運動は状態空間の軌道によって記述できるが，自律的でない運動(外界と相互作用する系の運動)は〈時空間のグラフ〉によって表現する必要がある．

2.1.3 ニュートンが見出した普遍性

運動という複雑な事象に対して，ニュートン(Isaac Newton; 1642-1727)は極めて革命的な視点を導入した．

物体の運動は，時と場合によって，無限の多様性を示す．そこで，軌道という曲線そのものの構造ではなく，「曲線を生み出す原理」に普遍性を見出そうと考えたのである．それは「時間の経過が0の極限」を考えることだった．ニュートンは，「極限としての0」——現代の数学では $\lim_{t \to 0}$ と書く——を考えることで，「0」を「0」で割るというきわどい計算を理論化することに成功した．この方法を使えば「変化率」を数学的に定義することができ，速度(位置の変化率)[*1]，さらに加速度(速度の変化率)という概念が構築される．

ニュートンの理論は，物体の運動という無限に多様な現象の深層に〈運動方程式〉という普遍的な構造を見出す——すなわち，物体に作用する〈力〉のアンバランスは〈慣性力＝質量×加速度〉というバーチャルな力とバランスをつくる．

[*1] 私たちは，既に図2.2において，振り子の状態空間を正しく定義するためには微分量 ϕ' を計測しなくてはならないことをみた．微積分学なくしては，運動を「記述する」ことすらできないのである．

図 2.4 ニュートン．微分・積分学によって，物体の運動の普遍的法則を発見した．

しかし，運動方程式を知ることと，運動の実際のありさま(運動方程式の解)を理解し予測することとの間には，大きな隔たりがある．運動のメカニズムを運動方程式によって表現するという力学理論は，現実の運動そのものを知りたいという問題を置き去りにしたのである．実は，運動方程式を「解く」こと，すなわち時間 0 の極限に還元された法則から有限時間の運動を構成することこそが難しい．

運動方程式＝微分方程式[*2]を解くとはどういうことか，まずその幾何学的な意味から説明しよう．

一般に，n 次元の状態ベクトル $\boldsymbol{x}={}^t(x_1,\cdots,x_n)\in\mathbb{R}^n$ に関する 1 階の常微分方程式

$$(2.1) \qquad \frac{d}{dt}\boldsymbol{x} = \boldsymbol{V}(\boldsymbol{x},t)$$

を n 次元の〈力学系(dynamical system)〉という．n は，この力学系の自由度である(第 1.3.2 項参照)．右辺の $\boldsymbol{V}(\boldsymbol{x},t)$ は，$\boldsymbol{x}$ および t の関数として与えられた n 次元の〈ベクトル場〉である．

$\boldsymbol{V}$ が t を含まない場合，$t\to t+c$ と変換しても (2.1) は不変である．すなわち〈自律系〉である．これに対して，$\boldsymbol{V}$ が t を含むということは，「系の外」に時計があって，それが刻む t にしたがって動く時計仕掛けの(t に依存する) $\boldsymbol{V}$ が，この力学系を動かしているという意味である．この場合(すなわち〈開放系〉である場合)には，「時刻」が絶対的な意味をもっていて，勝手な時刻から

[*2] 科学史の研究によると，運動方程式という〈微分方程式〉を定式化したのはオイラー(Leonhard Euler; 1707-1783)が最初らしい．ニュートンの関心は，主に「力とは何か」に向けられたものであって(その意味で〈力学〉というに相応しい)，方程式を解いて運動を導きだし，運動のありさまを理論的に解明すること(前記の意味での〈力学〉と対比して〈運動学〉と呼ばれることもある)の研究はオイラーにおいて初めて明確なテーマになったようである．力学・運動学の発展については，山本義隆，『古典力学の形成——ニュートンからラグランジュへ』，日本評論社，1997 に優れた分析がある．

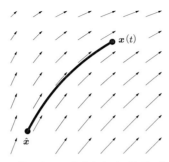

図 2.5　流れの場によって定義される〈流線〉としての軌道．

測った「時間」では系の状態を記述することはできない．

　微分方程式を解くということの幾何学的な意味を図 2.5 に示す．微分の定義

$$\frac{d}{dt}\boldsymbol{x} = \lim_{\delta \to 0} \frac{\boldsymbol{x}(t+\delta)-\boldsymbol{x}(t)}{\delta}$$

より，(2.1)の左辺は，軌道(時刻 t によって，〈ベクトル〉の先端が軌道上にとる位置が指定されている)に対する接ベクトルを意味することがわかる．右辺のベクトル場 $\boldsymbol{V}(\boldsymbol{x},t)$ をちょうど接ベクトルとするような曲線を求めることが，(2.1)を解くということの意味である．ベクトル場 $\boldsymbol{V}(\boldsymbol{x},t)$ を「流れの場」であると考えるなら，流れによって運ばれる粒子の軌跡が求めたい軌道である．したがって，軌道のことを〈流線(streamline)〉ともいう．

　軌道を1つ決めるためには〈初期条件〉を与えなくてはならない．すなわち，ある時刻 $t=t_0$ を「初期」だと決めて，その時刻の状態 $\boldsymbol{x}(t_0)=\hat{\boldsymbol{x}}$ を「初期状態」だとして与えると，t_0 以後の時刻における状態が定まる．自律系の場合には，時刻の原点を任意にとってよいから，普通は $t_0=0$ とする．このように初期条件を与えて(2.1)をみたす軌道 $\{\boldsymbol{x}(t);\ t \geqq t_0\}$ を1つ決定する問題を〈初期値問題〉という[*3]．

　[*3]　常微分方程式の初期値問題の可解性，解の一意性についてはノート 1.2 参照．常微分方程式(2.1)は $t \to -t$ と変換すると，右辺のベクトル場が $\boldsymbol{V} \to -\boldsymbol{V}$ に変換されるだけであるから，$t \geqq t_0$ について初期値問題を解くのと同じように，時間をさかのぼって $t \leqq t_0$ について軌道を求めることもできる．しかし，ある種の偏微分方程式(たとえば拡散方程式)の場合，時間を逆向きに解くことができない――これを不可逆過程という．

ニュートンの運動方程式は，質点の座標(3次元ベクトル q により表す)に関する2階の常微分方程式

$$(2.2) \qquad m\frac{d^2}{dt^2}q = F$$

の形で与えられる(m は粒子の質量，F は粒子に作用する力を表す)．この場合，$q'=dq/dt$ (速度)とおいて，これを未知変数とみなすと，(2.2)は1階の常微分方程式

$$(2.3) \qquad \frac{d}{dt}\begin{pmatrix} q \\ q' \end{pmatrix} = \begin{pmatrix} q' \\ F/m \end{pmatrix}$$

に書き換えることができる．したがって，力学の状態変数は，座標 q と速度 q' のペアであることがわかる．振り子の運動を記述するために ϕ(座標に相当)と ϕ'(速度に相当)が必要であったことを思い出そう(図2.2)．

一般に ν 階の常微分方程式が

$$(2.4) \qquad \frac{d^\nu}{dt^\nu}q = F(q, dq/dt, \cdots, d^{\nu-1}q/dt^{\nu-1}, t)$$

の形に与えられたとき，

$$q^{(0)} = q, \ q^{(1)} = \frac{dq}{dt}, \ \cdots, \ q^{(\nu-1)} = \frac{d^{\nu-1}q}{dt^{\nu-1}}$$

とおいて $x=(q^{(0)}, \cdots, q^{(\nu-1)})$ を未知変数と思えば，(2.4)は1階の連立常微分方程式

$$(2.5) \qquad \frac{d}{dt}\begin{pmatrix} q^{(0)} \\ \vdots \\ q^{(\nu-1)} \end{pmatrix} = \begin{pmatrix} q^{(1)} \\ \vdots \\ F(q^{(0)}, \cdots, q^{(\nu-1)}, t) \end{pmatrix}$$

に帰着できる．したがって，1階の常微分方程式(2.1)を研究すれば，力学系の理論として十分である．

ニュートンの理論によって明らかにされた運動の深層構造，すなわちどのよ

うな軌道をも支配するひとつの〈共時的〉な構造[*4]である運動方程式は，運動の個別性，多様性をすべて〈初期条件〉に押し付けてしまう．しかし，私たちの本当の関心は，時間の経過が0の極限ではなくて，有限な時間の経過の中で展開される運動そのものであったはずだ．ある初期条件を与えたとして，それが有限な時間の経過にしたがって，どのような状態へ変遷するかを分析すること——いわば現象の表層こそが問題なのだ．運動方程式を知ったからといって，運動そのもの(軌道)が「わかった」わけではない．運動方程式から軌道を求める「原理」は，まさに図2.5に示したとおりだ．しかし「運動がわかった」といえるためには，運動の「規則性」がわからなくてはならない．個別的な初期条件に対して軌道を計算することは，計算機を駆使すれば(近似的ではあるが)可能である．問題は，個別的な運動のありさまではなく，初期条件と運動との一般的な関係を理解することだ．これを困難にしているのが〈非線形〉ということである．

まず，運動の規則性(あるいは秩序)とは何かについて，詳しく説明する必要があるだろう．

2.2 関数——秩序の数学的表現

2.2.1 運動と関数

運動方程式(微分方程式)は，運動(その数学的表現である〈関数〉)を作り出す「装置」である．ただし，1つの運動を描くためには，1つの初期値が必要だ．初期値は運動に個別性を与えて表層に現出させるのである．

ここでは，振り子の運動を例として，運動方程式と関数の関係，これによって描き出される「秩序」の数学的表現をみておこう．

長さL(定数)の糸に吊された質量mのおもりを考える(図2.6参照)．振り子の振れ角をϕと表し，重力加速度をgとする．振り子の接線方向の加速度は$d^2(L\phi)/dt^2$ (tは時刻を表す)，接線方向に作用する力は$mg\sin\phi$である．

[*4] それぞれの固有の「歴史」に帰着して説明される事象の特徴を〈通時態〉という．これに対して，任意の時刻での「断面」に現れる普遍的な構造を〈共時態〉という．

2 規則性からカオスの深淵へ

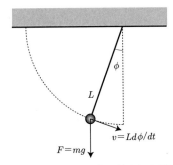

図 2.6 振り子の運動. 長さ L の糸で吊された質量 m のおもりを振動させる.

したがって，質量×加速度が力に等しいというニュートンの運動方程式は

$$(2.6) \quad \frac{d^2}{dt^2}\phi = -\omega^2 \sin\phi \quad \left(\omega = \sqrt{g/L}\right)$$

となる．この微分方程式を〈振り子方程式〉と呼ぶ．

初期条件として初期角 $\phi(0)$ と初期角速度 $d\phi(0)/dt$ を与えて(2.6)を解けば，振り子の運動が決定される．ただし，ガリレイが観測したような等時性をもつ振り子の運動は，次のように〈線形近似〉した微分方程式の解であることがわかる．

運動方程式(2.6)の右辺に現れる関数 $\sin\phi$ を $\phi=0$（平衡点）の近傍でテイラー級数展開すると

$$\sin\phi = \phi + \frac{1}{6}\phi^3 + \frac{1}{120}\phi^5 + \cdots.$$

$|\phi|\ll 1$ のときは $|\phi|\gg|\phi^3|\gg|\phi^5|\gg\cdots$ であるから，

$$(2.7) \quad \sin\phi \approx \phi$$

というように 1 次関数で近似できる（図 2.7 参照）．

どのような力も，それがテイラー級数で展開可能（正則）であれば，微小区間については 1 次関数で近似できる．したがって「まず線形近似から議論を始めよう」というのは自然な発想である（第 1.2.2 項参照）．

運動方程式(2.6)を線形近似した微分方程式

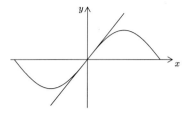

図 2.7 三角関数の線形近似.

(2.8) $$\frac{d^2}{dt^2}\phi = -\omega^2\phi$$

の解は，三角関数を用いて

(2.9) $$\phi(t) = \phi_0\cos(\omega t + \delta)$$

と与えられる[*5]．ϕ_0 は振幅(最大振れ角)を表す実定数，δ は振動の初期位相によって決まる実定数である．振動の周期は $2\pi/\omega$ であり，これは振幅 ϕ_0 に依らない定数である．ガリレイの発見した等時性は，振幅が十分小さいときの近似法則(線形近似の法則)だったのである．

2.2.2 非線形の世界へ

振幅が大きくなると，線形近似(2.7)を使うわけにはいかなくなり，非線形の振り子方程式(2.6)を厳密に解く必要がある．これは，初等関数の知識の範囲では無理で，楕円関数を用いなくてはならない．非線形振り子方程式の詳細な解法はノート 2.1 に示すこととし，ここでは計算の重要な部分だけをみておこう．

まず一般的な 1 次元のニュートン運動方程式

[*5] 第 1.3.3 項で述べたように，線形の運動は〈指数法則〉によって記述される．三角関数は指数関数の特殊形である($e^{i\theta}=\sin\theta+i\cos\theta$)．(2.9)は，複素数の振幅 $\Phi_0=\phi_0 e^{i\delta}$ を使って $\phi(t)=\Re\Phi_0 e^{i\omega t}=(\Phi_0 e^{i\omega t}+\overline{\Phi_0}e^{i\omega t})/2$ と書くことができる．また，第 2.1.3 項で述べたように，2 階の常微分方程式は，1 次の微分係数 ϕ' を独立なパラメタだと思えば 1 階の連立微分方程式に帰着できる．そうしておいて微分方程式を解くと，行列の指数関数を作り出すことになる．これについては，第 2.3 節で詳しく述べる．

を考えよう．ここで m は質量を表す定数，$V(x)$ はポテンシャルエネルギーであり，粒子に働く力は $-dV(x)/dx$ と与えられると仮定している．ポテンシャルエネルギーの勾配で表される力を〈ポテンシャル力〉という．重力や静電力はポテンシャル力である．

$$(2.10) \quad m\frac{d^2}{dt^2}x = -\frac{d}{dx}V(x)$$

方程式(2.10)は，次のようにして「積分」できる．まず，(2.10)の両辺に dx/dt（速度を意味する）を掛けて変形すると

$$\frac{d}{dt}\left[\frac{m}{2}\left(\frac{dx}{dt}\right)+V(x)\right] = 0$$

を得る．これを t について 0 から t まで積分すると〈エネルギーの保存則〉

$$(2.11) \quad \frac{m}{2}\left(\frac{dx}{dt}\right)^2 + V(x) = H \quad \text{(定数)}$$

を得る(左辺第1項は運動エネルギーを表す)．$W(x;H)=(2/m)[H-V(x)]$ とおく(振り子のエネルギーを表す定数 H をパラメタとして表記しておく)．(2.11)を書き換えると1階の微分方程式

$$(2.12) \quad \frac{d}{dt}x = \pm\sqrt{W(x;H)}$$

を得る．これは，いわゆる変数分離型であって，

$$(2.13) \quad \int \frac{dx}{\sqrt{W(x;H)}} = \pm\int dt$$

と積分できる．左辺の積分で与えられる関数を $f(x;H)$ と書き，右辺の積分を $c\pm t$ としよう(c は積分定数)．運動方程式(2.10)の解は，$y=f(x;H)$ を x について解いて定義される逆関数 $f^{-1}(y;H)$ を用いて $x(t)=f^{-1}(c\pm t;H)$ と形式的に書くことができる．H と c は2つの積分定数であり，運動の初期状態によって決められる．

ポテンシャルエネルギー $V(x)$ が2次の多項式である場合，粒子に作用する力 $-dV/dx$ は x の1次関数であるから，(2.10)は線形微分方程式であり，その解は指数関数(三角関数を含む)で与えられる．このことは，$W(x;H)$ を x の2次式として(2.13)の積分をおこなうことで確かめられる．簡単な計算で

あるから，読者に任せよう．

ポテンシャルエネルギー $V(x)$ が(したがって $W(x; H)$ が) 4 次以下の多項式であるとき，(2.13)の左辺で定義される積分 $f(x; H)$ は〈楕円積分〉となる．その逆関数 $f^{-1}(y; H)$ が〈楕円関数〉である．ノート 2.1 で示すように，非線形振り子方程式は，変数変換によって，この場合に帰着される．

楕円関数は，楕円積分の逆関数として研究が始まったのだが，複素数の世界での 2 重周期性にガウス(Carl Friedrich Gauss; 1777-1855)が気づいたことが画期的であった．その後，アーベル(Niels Henrik Abel; 1802-1829)とヤコビ(Carl Gustav Jacobi; 1804-1851)によって現在の体系が整えられた．数学的にいうと，楕円関数とは，複素平面で 2 重周期をもつ有理関数であると定義される(この一方の周期を無限大にしたのが三角関数)．楕円関数は，代数的加法定理をもつこと，および楕円関数の微分は楕円関数で表されるということが，重要なポイントだ．このことは，もちろん三角関数(指数関数)についてもいえるが，三角関数の世界は極めて単純で，微分しても形が変わらないという特徴がある．楕円関数になると，微分して形が変わる．この変形を楕円関数の代数演算で表現できることが面白いところだ．

線形微分方程式が指数関数(三角関数)を誘導したように，1 つの非線形微分方程式は，それに対応する特殊な関数を誘導するということができる．前項でみたように，線形振り子方程式は，非線形振り子方程式の小振幅極限である．したがって，振り子の非線形理論は，その線形理論(指数関数による運動の表現)を大振幅にまで拡張した「一般化理論」という意味をもつはずである．ならば，これを拡張した楕円関数の理論でどこまで行けるのかということが問題になる．

楕円関数は，ポテンシャルエネルギー $V(x)$ が，たかだか 4 次の多項式で表される場合までの拡張であるというと，いかにも特殊な理論という印象があるだろう．しかし，$V(x)$ がまず 2 次多項式である場合を考え，つぎにこれが 4 次多項式である場合を考え，というように，ひとつひとつの数学を丹念に研究してゆく歴史のうえに永久不滅の英知が築かれてゆくのである．

以上の観察を標語的にいうと，

(2.14)
$$\begin{aligned}\text{線形振動方程式} &\longleftrightarrow \text{三角関数}\\ \text{非線形振動方程式} &\longleftrightarrow \text{楕円関数}\end{aligned}$$

という対応が成り立つ．

2.2.3 関数で表現できない運動

　線形振動から非線形振動へと解析を進める中で「1つの運動方程式ごとに，1つの関数」という対応をみてきた．微分方程式の積分によって関数が定義されるというわけだ．ここで〈関数〉とは運動の数学的表現であり，関数の構造が運動の法則性を意味するのである．

　三角関数から楕円関数への拡張は大きな進歩であり，これによって周期性に対する理解が一般化された．しかし，たかだか振り子について一歩非線形の世界へ踏み出すことが，いかに大変な仕事であったことか．1つの運動方程式ごとに新たに1つの関数を定義し，その性質を研究してゆくというのは，絶望的な労力を意味するのではなかろうか．いや，「労力」だけの問題ではない．運動を〈関数〉によって表すこと自体に限界がある——まず「限界」という意味を説明しよう．

　運動を関数で表すということは，運動に数学的な規則性あるいは秩序をみつけることを意味する．もし，ある運動が秩序をもたないとすると，それを関数によって表すことに「意味」がない．現在は計算機が著しく進歩しているから，運動方程式を計算機で数値的に解いて(もちろん近似的な解であるが)，運動の様子をグラフ(あるいは数表)で表示することは可能であろう．グラフはひとつの写像を表現するから「XX方程式」の解のグラフを「YY関数」と呼んでもよい．運動(XX方程式の解)は初期条件を変えると変化する．そこで初期条件を変えながら「YY関数」の様子を調べる必要がある．「運動が秩序をもたない」というのは，少し初期条件を変えると運動がでたらめに変化するということである．すると「YY関数」と命名したとしても，その関数は何ら構造をもたず，いかなる秩序も表現しないことになる．運動を表現する関数は，運動に「秩序」があるとき初めて「意味」をもつのである．

　振り子の場合には，解析的に計算して答えを $2\sin^{-1}[k\,\text{sn}\,(\omega t+\delta, k)]$ と書く

ことができるが(ノート2.1参照)，この数学的な記号をみても運動の実態はみえない．やはりグラフを描いてみてはじめて実感として運動がわかったことになる．しかし，この解析的な表現は，単に個々の初期値に対する運動のグラフを表象しているのではなく，あらゆる初期条件に対する運動を包摂し，その秩序を表現しているのだ．私たちが運動を完全に理解したといえるのは，運動方程式の解がひとつの関数として与えられ，その関数の構造が解明されたときである．

「運動の秩序」は運動方程式の〈積分〉という概念で整理される(第2.4節参照)．〈可積分〉といわれる運動方程式の場合に限って，運動は〈関数〉によって——具体的によく知られた関数(三角関数など)で表されるとは限らないが，とにかく(2.13)の形の〈積分〉に帰着して〈関数〉を定義することができて——その規則性を知ることが可能である．前項の例では，1次元の運動方程式(2.10)は，エネルギーの保存則(2.11)を用いて(2.13)によって積分できた．しかし，可積分であるのは，むしろ特殊な場合であることがわかっている．つまり，一般的には〈非可積分〉である．非可積分ということを，力学の理論で〈カオス〉という(第2.4節参照)．混沌すなわち無秩序というべき複雑性は「関数で表せない運動」と等置されるのである．

運動の規則性を明らかにすること——すなわち〈積分〉をみつけること——に対する根本的な障害は，状態空間の次元が高いときに現れる．複数のパラメタが「絡み合って」変動するとき，それらを「分解」して1つずつ積分(2.13)に還元することができないからだ．「分解不可能性」の根本に〈非線形性〉がある．このことを明らかにするために，まず分解とは何かを〈線形理論〉において検証し，非線形がどうして分解を難しくするのかを考えてゆこう．

2.3 分解によって現れる秩序

2.3.1 因果関係の数学的表現

運動の数学的表現である軌道は，ひとつの個別的な現象の歴史を記述する〈グラフ〉である．初期条件が異なれば別の軌道が描かれるのだが，あらゆる軌道に共通する普遍的な性質を明らかにすることが理論の目標である．しか

し，運動方程式の非線形性によって生みだされる無限の多様性のために，これは極めて困難な仕事となる．

本節では，まず〈運動〉の抽象的な表現からはじめ，その表現に「具体性」をもたせることと「分解可能性」との関係を議論する．

状態空間 X が有限次元のベクトル空間 $\mathbb{C}^n$ である場合を考える[*6]．時刻 t における状態を $\boldsymbol{x}(t)$ と表す．2つの時刻 s, t における状態 $\boldsymbol{x}(s)$ と $\boldsymbol{x}(t)$ の間に「関係」があると仮定し，

(2.15) $$\boldsymbol{x}(t) = T(t,s)\boldsymbol{x}(s)$$

と書こう．$T(t,s)$ は2つの時刻をパラメタとする写像(作用素)である(線形写像とは限らない)．(2.15)において $t \geqq s$ とし $\boldsymbol{x}(s)$ を原因，$\boldsymbol{x}(t)$ を結果と考えると，$T(t,s)$ は〈因果律(causality)〉を規定する法則の抽象表現である．任意の時刻 r, s, t および任意の $\boldsymbol{x} \in X$ について

(2.16) $$T(t,t)\boldsymbol{x} = \boldsymbol{x},$$
(2.17) $$T(t,s)\,[T(s,r)\boldsymbol{x}] = T(t,r)\boldsymbol{x}$$

が成り立たなくてはならない．写像 $T(t,s)$ の幾何学的なイメージは図2.5 に示した〈流線〉で理解できよう．

以下では自律系(第2.1.2項参照)を考える．時刻の原点を動かす変換に対して運動は不変でなくてはならないから

$$T(r,s) = T(r-s, 0) \quad (\forall r \geqq \forall s)$$

が成り立つ．したがって，運動は「時間」を表す1個のパラメタ $t = r-s\ (\geqq 0)$ だけを用いて

$$\mathcal{T}(t) = T(t, 0)$$

によって表現することができる．因果律の関係(2.16), (2.17)により $\mathcal{T}(t)$ は

[*6] 本節では，固有値について論じるので，固有値問題の代数方程式が解けなくてはならない．したがって，代数的に閉じた体(代数方程式が次数と等しい数の解をもつ数の集合) $\mathbb{C}$ で定義されるベクトル空間 $\mathbb{C}^n$ を考える．

$$(2.18) \qquad \mathcal{T}(0) = I \quad (\text{恒等写像}),$$

$$(2.19) \qquad \mathcal{T}(s)\cdot\mathcal{T}(t) = \mathcal{T}(s+t) \quad (\forall s, t \geqq 0)$$

を満足しなくてはならない．(2.19)は〈結合法則(associative law)〉と呼ばれる．さらに(2.19)により〈可換法則(commutative law)〉

$$(2.20) \qquad \mathcal{T}(t)\cdot\mathcal{T}(s) = \mathcal{T}(s)\cdot\mathcal{T}(t) \quad (\forall s, t \geqq 0)$$

が成り立つことがわかる．

時間 t として負の値を許す場合，すなわち時間をさかのぼる写像についても (2.18), (2.19) を要請するならば，任意の t について $\mathcal{T}(t)$ の逆写像 $\mathcal{T}(t)^{-1}$ が

$$(2.21) \qquad \mathcal{T}(t)^{-1} = \mathcal{T}(-t)$$

によって定められる．

力学系とは，状態集合 U(線形空間 X に含まれるとする)の上で定義された写像の集合

$$\mathcal{G} = \{\mathcal{T}(t);\ t \in \mathbb{R}\}$$

に他ならない．$\mathcal{G}$ の元に要求される条件(2.18)は単位元をもつこと，(2.19)は結合法則，(2.21)は逆元が存在することを意味する．以上の条件をみたす $\mathcal{G}$ は〈群(group)〉と呼ばれる．さらに(2.19)によって可換法則(2.20)が成り立つ．したがって $\mathcal{G}$ は〈可換群〉である．

非可逆な力学系では，時間のさかのぼりは許されない．したがって，条件(2.21)を削除し，写像の集合

$$\mathcal{S} = \{\mathcal{T}(t);\ t \geqq 0\}$$

を考える．このような $\mathcal{S}$ を〈半群(semi-group)〉と呼ぶ．

運動を表現する写像 $\mathcal{T}(t)$ に対して，その微分を計算すると運動方程式が得られる．時刻 t に関する微分

$$(2.22) \qquad \lim_{\delta \to 0} \frac{(\mathcal{T}(\delta)-I)\boldsymbol{x}}{\delta} = \mathcal{A}\boldsymbol{x} \quad (\boldsymbol{x} \in X)$$

によって定義される作用素 $\mathcal{A}$ を〈生成作用素(generator)〉と呼ぶ(線形作用素とは限らない).ただし,非可逆系の場合,すなわち $t \geqq 0$ のみを考える場合には,(2.22)の左辺の極限を $t \to +0$ でおきかえる.$\mathcal{A}\boldsymbol{x}$ は状態空間の点 $\boldsymbol{x}$ における流速ベクトルを与える(図 2.5).運動方程式は

$$\frac{d}{dt}\boldsymbol{x} = \mathcal{A}\boldsymbol{x} \tag{2.23}$$

である.前記の一般形(2.1)と比較すると,ここでは自律系を考えているので流れ $\boldsymbol{V}$ は t を含まない.$\boldsymbol{V}(\boldsymbol{x})$ を生成作用素を用いて $\mathcal{A}\boldsymbol{x}$ と書いたのが(2.23)である.

逆に,ある作用素 $\mathcal{A}$ を与えたとき,運動方程式(2.23)を初期値 $\boldsymbol{x}_0$ について解き,その解を $\boldsymbol{x}(t) = \mathcal{T}(t)\boldsymbol{x}_0$ と表すことによって,群(あるいは半群)$\{\mathcal{T}(t)\}$ が生成される.もちろん,写像 $\mathcal{T}(t)$ が定義される全体集合(定義域)に属する任意の $\boldsymbol{x}_0$ について運動方程式を解く必要がある.

2.3.2 指数法則——群の基本形

ニュートン力学の考え方によれば,運動の原理はすべて生成作用素 $\mathcal{A}$ に書き込まれている.第 2.2 節では,運動方程式によって〈関数〉を生成することについて考えた.ここでは,その概念を抽象化して,運動方程式が作用素の群 $\{\mathcal{T}(t)\}$ を生成すると考えるのである.この抽象的な〈関数〉を具体的に分析する(あるいは表現する)ためには,生成作用素を〈分解〉する必要がある.このことを,まず線形理論を例にして説明しよう.

$\mathcal{T}(t)$ に要求される条件(2.18),(2.19)および(2.21)は,〈指数関数〉を想起させる[*7].すなわち,$\mathcal{T}(t)$ の最も簡単な例は e^{ta} ($a \in \mathbb{C}$)である.指数関数の生成作用素は数 a の掛け算(比例関係を与える写像)であり,線形運動方程式(1.28)は指数関数を生成するのである.

行列の指数関数は(1.32)により定義することができるが,この表式では具体的な形がわからない.その構造をみるために,まず生成作用素(行列)を「翻訳」することからはじめよう.「線形とは比例関係である」というのが標語だ.

[*7] 線形系の運動が指数関数によって表現されることは,第 1.3.3 項で述べたとおりである.

2.3 分解によって現れる秩序

これにしたがって

(2.24) $$A\boldsymbol{x} = a\boldsymbol{x} \quad (a \in \mathbb{C})$$

を解く．左辺は〈線形写像〉，右辺は〈比例関係〉である．つまり，線形写像を比例関係に還元しようというのが(2.24)の意味である．これを A に関する〈固有値問題(eigenvalue problem)〉という．

生成作用素 A が正規行列[*8]であるならば，(2.24)を解いて n 個の互いに直交する固有ベクトル $\boldsymbol{\varphi}_j$ とそれぞれの固有値 $a_j (j=1,\cdots,n)$ が得られる．まずこの場合を考えよう．固有ベクトルを規格化して $\{\boldsymbol{\varphi}_j\}$ で完全正規直交基底をつくる．はじめの基底から，この新しい基底への線形変換は，固有ベクトル $\boldsymbol{\varphi}_j$ (縦ベクトル)を横一列に並べたユニタリ行列

$$U = (\boldsymbol{\varphi}_1 \cdots \boldsymbol{\varphi}_n)$$

によって与えられる．これを使って A を対角行列に変換できる．すなわち

(2.25) $$\tilde{A} = U^{-1}AU = \begin{pmatrix} a_1 & & 0 \\ & \ddots & \\ 0 & & a_n \end{pmatrix}.$$

対角行列 $\tilde{A}$ の指数関数は，定義(1.32)にしたがって容易に計算できて，

(2.26) $$e^{t\tilde{A}} = \begin{pmatrix} e^{ta_1} & & 0 \\ & \ddots & \\ 0 & & e^{ta_n} \end{pmatrix}$$

と書ける．各固有値 a_j は，指数関数 e^{tA} に含まれる時定数を表すことがわかる．もとの基底に戻して

[*8] 行列 A の共役行列を A^* とするとき，$[A, A^*]=0$ であるとき A を正規行列($[A,B]=AB-BA$ を交換という)，$A=A^*$ であるとき A を自己共役行列，$A^*=A^{-1}$ であるとき A をユニタリ行列という．行列の固有値問題，対角化，標準形に関する基礎については，たとえば，齋藤正彦，『線型代数入門』，東京大学出版会，1970 を参照．

2 規則性からカオスの深淵へ

(2.27) $$e^{tA} = U\, e^{t\tilde{A}}\, U^{-1}$$

を得る.

運動方程式(1.34)からe^{tA}を生成しても同じ結果を得る.すなわち,(1.34)の初期値問題の解を$\bm{x}(t)=\mathcal{T}(t)\bm{x}_0$と書き,$\mathcal{T}(t)=e^{tA}$と定義しよう.まず,$\bm{x}=U\tilde{\bm{x}}$とおく.(1.34)の両辺に$U^{-1}$をかけて

$$\frac{d}{dt}\tilde{\bm{x}} = U^{-1}AU\tilde{\bm{x}} = \tilde{A}\tilde{\bm{x}}.$$

初期条件は$\tilde{\bm{x}}(0)=U^{-1}\bm{x}_0$である.この連立常微分方程式は,$\tilde{A}$が対角行列であるから,$n$個の「独立」な線形常微分方程式に過ぎない.それぞれ(1.28)に相当するので,これを解いて(2.26)を得る.$\bm{x}(t)$へ戻して書くと(2.27)を得る.

運動を生成する原理は生成作用素Aに書き込まれていると述べた.これを「読み出す」ための操作が固有値問題(2.24)を解くことである.(2.25)すなわち$AU=U\tilde{A}$は,AにUが取り付いて時定数という情報(すなわち固有値)を読み出すという操作を表している.時定数がわかれば,あとは指数法則にしたがって運動が発現する[*9].

以上の計算で示されたように,生成作用素Aが正規行列である場合には,系全体の運動は,たがいに独立な〈要素〉の運動に分解される.要素とは固有ベクトルであり,それぞれの要素の運動は固有値で規定される指数法則となる.生成作用素Aは完全に要素還元(固有値分解)されるのである.それぞれの要素を〈モード(mode)〉ともいう.

2.3.3 共鳴——分離できない運動

複雑な運動では「独立なモードへの分解」が困難になる.そのような運動の表現$\{\mathcal{T}(t)\}$の,比較的やさしい例からみてゆこう.

[*9] 現代の線形理論は,たとえば量子力学のように,無限次元の線形空間(関数空間;ノート1.1参照)における運動方程式を問題にしている.この場合は,生成作用素は微分作用素のような関数空間で定義された線形作用素である.その〈指数関数〉を定義するためには,行列に対して用いた(1.32)のような〈ベキ級数〉をいきなり用いるわけにはいかない.ノート2.2に,関数空間の指数法則に関する理論を簡単に紹介する.

2.3 分解によって現れる秩序

同じ固有値(時定数)をもつモードは共鳴的に相互作用することができる。この相互作用を数学的に表現するのが〈ジョルダン(Jordan)標準形〉の理論である。

正規行列に対しては，ちょうど空間の次元 n の数だけ互いに直交する固有ベクトルをみつけることができるが，一般の行列については〈広義の固有ベクトル〉まで広げて考えなくては，空間を張れるだけの独立なモードを定義できない。固有値が $m(\leq n)$ 個みつかったとする。固有値 $a_j (j=1,\cdots,m)$ に属する広義の固有ベクトルとは

$$(2.28) \qquad (A-a_j I)^\nu \phi_{j,\nu} = 0 \quad (\nu=1,\cdots,k_j,\ j=1,\cdots,m)$$

をみたす 0 でないベクトル $\phi_{j,\nu}$ のことである。ただし k_j は n 以下の自然数である。$\nu=1$ の場合，(2.28)は通常の固有値問題(2.24)に他ならない。A が正規行列の場合には，$\nu=1$ の範囲で固有ベクトルの完全系(状態空間の次元 n に等しい数の互いに直交する固有ベクトル)がみつかるのだが，一般の A については固有値の縮退($m<n$ となること，すなわち固有方程式の根に重複するものがあることを縮退という)が起きて，$\nu=1$ の範囲では空間を張れるだけのベクトルがみつからないことがある[*10]。しかし(2.28)のように条件を拡張して，$\nu>1$ について解を探してゆけば，すなわち各 a_j についてすべての広義固有ベクトルを集めると，全空間 $\mathbb{C}^n$ を張ることができる。ただし，$\{\phi_{j,\nu}\}$ は直交系を成すとは限らない。

$(J_j-a_j I)^{k_j}=0$ をみたす行列の標準形は $k_j \times k_j$ の〈ジョルダン(Jordan)ブロック〉

$$(2.29) \qquad J_j = \begin{pmatrix} a_j & 1 & & 0 \\ & \ddots & \ddots & \\ & & \ddots & 1 \\ 0 & & & a_j \end{pmatrix}$$

[*10] たまたま同じ固有値をもつ独立な(直交するとは限らない)固有ベクトルが存在することがある。したがって，固有値の縮退が起きても固有ベクトル($\nu=1$)だけで $\mathbb{C}^n$ が張られる場合もある。

により表現される．ただし，$k_j=1$ の場合は $J_j=a_j$ と定義する．広義固有ベクトルを横並びにした正則変換 $P=(\phi_{1,1},\cdots,\phi_{m,k_m})$ を定義すると，これによって A を〈ジョルダン標準形〉に写すことができる：

$$(2.30) \qquad \tilde{A} = P^{-1}AP = \begin{pmatrix} J_1 & & 0 \\ & \ddots & \\ 0 & & J_m \end{pmatrix}.$$

完全な対角化(相互作用の消去)を妨げているジョルダンブロックは，モード間の「消去できない相互作用」を表している．しかし，おもしろいことに(2.29)は，この相互作用が「2体相互作用の連鎖」にまで還元できることを示している．行列の対角線に隣接した要素 "1" によって，1つずつ隣のモードとの結合が表現されているのである．

ジョルダンブロックが表すモード間相互作用のために，e^{tA} の振る舞いは普通の指数関数と少し異なる．ジョルダンブロックは，縮退した固有値に属する複数のモード(広義固有関数)を束ねたものである．固有値は，指数法則の〈時定数〉(時間変化率)を表すのであった．複数のモードは，共通の時定数をもつために〈共鳴(resonance)〉を起こし，これによって〈永年挙動(secular behavior)〉という奇妙な運動が起こる．具体的に計算しよう．

行列の指数関数の定義(1.32)を用いると，任意の $\lambda(\in\mathbb{C})$ を選んで

$$(2.31) \qquad e^{tA} = e^{t\lambda} e^{t(A-\lambda I)}$$
$$= e^{t\lambda}\left[I+t(A-\lambda I)+\frac{t^2}{2}(A-\lambda I)^2+\cdots\right]$$

と書ける．ここで $\lambda=a_j$(固有値)と選び，広義固有ベクトル ϕ_{j,k_j} に作用させる．(2.28)を用いると，

$$(2.32) \qquad e^{tA}\phi_{j,k_j} = e^{ta_j}\left[\phi_{j,k_j}+t\phi_{j,k_j-1}+\cdots+\frac{t^{k_j-1}}{(k_j-1)!}\phi_{j,1}\right]$$

を得る．ただし $(A-a_jI)^p\phi_{j,k_j}=\phi_{j,k_j-p}$ とした．これにより，行列の指数関数は $t^p e^{ta_j}$ という形の運動を含むことがわかった．t のベキ関数を含む項を〈永年項(secular term)〉と呼ぶ．

もちろん永年項 $t^p e^{ta_j}$ 単独では結合法則 $T(t)\cdot T(s)=T(t+s)$ をみたさない．これが e^{tA} の中に含まれて全体として結合法則が成り立つのである．永年項の現れ方をみるために，(2.32)を行列の形で書くと

$$(2.33) \qquad e^{tJ_j} = \begin{pmatrix} e^{ta_j} & te^{ta_j} & \cdots & \dfrac{t^{k_j-1}e^{ta_j}}{(k_j-1)!} \\ 0 & e^{ta_j} & \cdots & \dfrac{t^{k_j-2}e^{ta_j}}{(k_j-2)!} \\ & & \ddots & \\ 0 & \cdots & 0 & e^{ta_j} \end{pmatrix}.$$

A が正規行列である場合，運動は固有値 a_j を時定数とする指数関数の集団に分解されるから，運動が安定か不安定かは，固有値の実部をみればわかる（第 2.3.1 項参照）．しかし，一般の行列 A がジョルダンブロックを含む場合，a_j が純虚数であっても，t^p に比例した成長が起きる．これが永年挙動というゆっくりした不安定現象である．

2.3.4 非線形力学——相互作用の無限連鎖

前項までみてきたように，有限次元の線形力学系では，運動は $t^\nu e^{ta}$（$a \in \mathbb{C}$，$\nu<n$）の形（少し一般化した指数関数）の項に分解される．このような要素還元は，無限次元（ノート1.1参照）あるいは非線形の場合には不可能である．すなわち，真に多様で複雑な（還元不可能な）運動は，無限次元あるいは非線形の系にのみ存在する．実は，無限次元性と非線形性には密接な関連がある．非線形の世界では，モード相互作用の無限連鎖が起こるからである．このことを簡単な例でみておこう．

非線形運動方程式

$$(2.34) \qquad \frac{d}{dt}x = x - x^2$$

の初期値問題（$x(0)=x_0$ とする）を考える．これは，減速型非線形増殖の方程式(1.39)において x と t のスケールを変換して簡単にしたものである．既に(1.40)で解を求めてある．すなわち

$$(2.35) \qquad x(t) = \mathcal{T}(t)x_0 = \frac{1}{e^{-t}(x_0^{-1}-1)+1}.$$

この $\mathcal{T}(t)$ は,やや複雑な姿をしているが,もちろん結合則をみたす(検証されたい).ただし,x_0 に対する線形性をもたない.この非線形の運動を,線形理論の枠でとらえようとすると(つまり指数関数で表現しようとすると),次のような「無限次元性」が現れてくる.

$y_2=x^2$ とおき,非線形運動方程式(2.34)において y_2 を新しい未知変数と考える.すると(2.34)は2つの未知変数 x, y_2 の1次の項しか含まないから線形運動方程式と解釈できる.ただし新たに導入した未知変数 y_2 を計算する運動方程式をみつけなくてはならない.定義に基づくと

$$\frac{d}{dt}y_2 = 2x\frac{dx}{dt} = 2y_2 - 2xy_2.$$

これも $y_3=xy_2(=x^3)$ が新たな未知変数であるとすれば線形方程式とみなすことができる.このように,非線形項を留保しつづければ,線形方程式の無限連鎖が現れる.

形式的に整理しよう.未知変数 x のベキを

$$(2.36) \qquad y_1 = x, \quad y_2 = x^2, \quad y_3 = x^3, \quad \cdots$$

と書くことにする.定義より $dy_n/dt = nx^{n-1}(dx/dt)$.これに(2.34)を用いて

$$(2.37) \qquad \frac{d}{dt}y_n = ny_n - ny_{n+1} \quad (n=1,2,\cdots)$$

を得る.無限個の変数 $y_1, y_2, \cdots$ をそれぞれ独立な未知変数と考えると,(2.37)は無限次元の線形連立常微分方程式

$$(2.38) \qquad \frac{d}{dt}\begin{pmatrix} y_1 \\ y_2 \\ y_3 \\ \vdots \end{pmatrix} = \begin{pmatrix} 1 & -1 & 0 & \cdots & & \\ 0 & 2 & -2 & 0 & \cdots & \\ 0 & 0 & 3 & -3 & 0 & \cdots \\ & & & \ddots & \ddots & \end{pmatrix} \begin{pmatrix} y_1 \\ y_2 \\ y_3 \\ \vdots \end{pmatrix}$$

とみなせる.生成作用素(右辺の行列)をみると,対角成分の右隣に「次のモード」との相互作用を与える要素が並んでいることがわかる(ノート2.2に示す

〈分解〉が可能な無限次元の連立運動方程式(2.101)と比較されたい)．これが相互作用の無限連鎖を与える．

(2.38)において表現された非線形系の「モード相互作用」は，前項で述べた線形系における共鳴相互作用の表現(2.29)と似た形をしているが，本質的に異なる点がある．線形系では同じ時定数(固有値)をもつモードの間だけで〈共鳴〉による相互作用が起こるのであったが，非線形系では異なる時定数のモードが相互作用する((2.38)右辺の行列の対角成分をみよ)．

初期値を

(2.39) $$y_n(0) = x_0^n \quad (n = 1, 2, \cdots)$$

とおいて無限次元線形常微分方程式(2.38)を解き，その解が $y_j = y_1^j$ ($j=2, 3, \cdots$) をみたすならば[*11]，無限次元ベクトルの第1成分 $y_1(t) = x(t)$ は非線形常微分方程式(2.34)をみたす．したがって，非線形常微分方程式(2.34)の解は，無限次元線形常微分方程式(2.38)の特別な初期値(2.39)に対する解の第1成分に「埋めこまれている」．これを〈カーレマン(Carleman)の埋めこみ〉という[*12]．

ここでは(2.34)のような簡単な非線形方程式を考えたが，一般的に，ベクトル空間 $\mathbb{C}^n$ における非線形運動方程式が

(2.40) $$\frac{d}{dt}\boldsymbol{x} = \boldsymbol{V}(\boldsymbol{x})$$

の形に与えられ，$\boldsymbol{V}(\boldsymbol{x})$ が $\boldsymbol{x}$ に関する多項式であるならば，$\boldsymbol{x}$ の成分のベキを網羅する無限次元線形空間(フォック(Fock)空間という)に(2.40)を埋めこむことができる．

2.3.5 カオス——無限周期の運動

非線形系の運動は，さまざまな時定数(周期)をもつ無限個の運動が結合したものだと考えることができる．前項でみた例では，この結合は一定の秩序をも

[*11] (2.38)に関する初期値問題の解は一意ではなく，この条件を満足しない解もある．
[*12] K. Kowalski and W. H. Steeb: *Nonlinear Dynamical Systems and Carleman Linearization*, World Scientific, Singapore, 1991 を参照．

っていて,運動は比較的単純であり,関数で表現可能な形(2.35)に積分できた.しかし,一般的には無秩序な結合が起こって,運動は極めて乱れたものとなる.いわゆる〈カオス(chaos)〉である.カオス(無秩序)ということの正確な意味は次節で考察することとし,ここでは乱れた運動とはどのようなものか,簡単な例をみておこう.

前項では,微分方程式(2.34)によって支配される連続時間の増殖を考えたが,離散的な時刻で増殖が起こるとした場合にはまったく異なる挙動がみられる.実際,ある種の昆虫(マメゾウムシなど)は一定の時間間隔で一斉に生殖し世代交代するので,連続な時刻 t の代わりに,自然数で表される「世代」を考え,個体数の世代変化を記述する方が適切である.第 n 世代の個体数を x_n と書くことにする.この場合,微分方程式(2.34)の代わりに差分方程式

$$(2.41) \qquad x_{n+1}-x_n = b(1-cx_n)x_n$$

を考えればよい(b, c は正の定数).減速型の非線形性を考慮した離散時間の増殖モデル(2.41)はメイ(Robert May; 1936-)によって詳細に研究された.$A=b+1$ とおき,$u_n=(bc/A)x_n$ と変換すると

$$(2.42) \qquad u_{n+1} = A(1-u_n)u_n$$

を得る.右辺の2次関数で表される写像を $f_A(u_n)$ と書くことにしよう.これを〈ロジスティック写像(logistic map)〉と呼ぶ.u_n の定義域を $[0,1]$ とすると,$0 \leq A \leq 4$ であるとき,写像 f_A の値域は $[0,1]$ に含まれる.以下,A はこの範囲にあるとしよう.

微分方程式(1.39)の場合には,x および t のスケールを変換することで,係数をすべて1に規格化して(2.34)の形に書けたが,差分方程式の場合は「時間」が既に規定されているので,増殖の時間スケールを特徴づける係数 A が残ることに注意しよう.この A の大きさによって多様な運動が起こる.

ここでは,作図的に解の挙動を説明しよう.u_n から u_{n+1} への写像 f_A は,u_n を横軸,u_{n+1} を縦軸にしてグラフで表すと,図2.8(a)のような放物線となる.これと,縦軸を横軸に置き換える写像を表す直線 $u_n=u_{n+1}$ を用いて,グラフ上で u_n の時系列が作られる.まず,横軸上の初期値 u_0 から出発し,

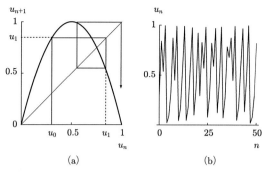

図 2.8 $A=4$ の場合におけるロジスティック写像．(a)に作図的な計算法，(b)に時系列を示す．$A \geqq 3.57\cdots$ の場合，時系列は非周期的(カオス)になる．

縦方向に移動して放物線と交わる点を求める．次に横方向に移動して直線と交わる点を求める．この操作を繰り返すことにより，直線上に得られる交点の列として u_n の時系列が得られる(図 2.8(b))．

時系列 u_n の挙動は，放物線と直線の位置関係によって異なる．写像 f_A に含まれるパラメタ A (増殖の強さを表す)が変化すると，この位置関係が変わり，興味深い現象がみられる．$0<A \leqq 1$ であるとき，放物線と直線は $u_n > 0$ の領域において交点をもたない．この場合，上記の作図操作により容易に $\lim_{n \to \infty} u_n = 0$ となる(絶滅する)ことがわかる．$1<A \leqq 4$ であるときは，$u_n = u^* = 1-A^{-1}$ で放物線と直線が交わる．u^* は $u^* = f_A(u^*)$ となる点を意味する．すなわち，写像 f_A を施しても変化しない点である．このような点 u^* を写像 f_A の〈不動点(fixed point)〉と呼ぶ．$1<A \leqq 2$ のとき，u_n は単調に u^* へ収束することがわかる．$2<A \leqq 4$ となり，u^* が臨界点 $1/2$ を越えると，u_n は振動を起こす．A が大きくなるにしたがって，振動は周期的なものからしだいに複雑化し，$A=3.57$ あたりを超えると無秩序となる(周期が無限大になる)．この非周期運動(図 2.8(b)参照)が〈カオス〉の簡単な例である．

微分方程式の場合は，カオスなど起こらなかったことを思い出そう．(2.34)あるいは(1.39)が簡単に解けたのは，変数を適当に変換し，線形微分方程式に化けさせることができたからである(解(1.40)を求める方法についての脚注参照)．この場合には，同じ非線形項をもつ式でも複雑さを生み出すことはな

い．差分方程式では，このような巧い変換はできなくて，非線形項が「真性の非線形性」として振舞う．差分モデルにおけるカオスは，非線形性がもつ複雑性が離散化によって発現した結果であるといえる．

線形モデルでは，離散時間と連続時間の間に本質的な違いがなかったことにも注目しよう．離散時間の増殖は $(1+\alpha)^n u_0$ の形で表され，連続時間の場合は $e^{at}u_0$ ($a=\log_e(1+\alpha)$) の形となる（第 1.3.3 項参照）．しかし非線形系では，離散時間と連続時間で大きな違いが現れる．

方程式が線形であるか非線形であるかは，単に形式の問題であるから，式をみれば容易に判断できる．しかし，上記の例でわかったように，非線形性が運動にどのように影響するかを推測することは極めて難しい．

たとえば，「非線形系はカオス（無秩序）である」というように簡単に考えているひともいる．もちろん，これは正しくない．たとえば，惑星の規則正しい運動は，非線形の運動方程式によって支配されている．菌の増殖モデル (1.39) も非線形方程式である．減速型の非線形 ($\varepsilon<0$) の場合は，非線形系のほうが線形系 ($\varepsilon=0$) より（予測しやすいという意味で）秩序的ということができる．つまり，初期条件 (x_0) によらず，菌の数 $x(t)$ は時間とともに一定の値 $\lim_{t\to\infty} x(t) = x_\infty = -\varepsilon^{-1}$ に収束する[*13]．線形系であると，$x(t) = e^{bt}x_0$ が解であるから，初期条件のわずかな違いは時間とともに指数関数的に増幅されることになり，正確な予測は難しい．

2.3.6 切断の可能性 / 不可能性

これまで述べてきた運動についての考察は，状態空間を既知とした理論である．しかし，私たちがある現象について新しく研究を始めるとき，まず状態空間そのものが何であるかを考えることから出発しなくてはならない．ここでは，ひとつの「実験」を想定して，状態空間とは何であるかについて考えよう．

[*13] この極限値 x_∞ は，非線形性を特徴づけるパラメタ ε によって決まることに注目しよう．すなわち，x_∞ は「非線形性によって選ばれた平衡値」である．ここで〈平衡値〉というのは，運動方程式において $dx/dt=0$ となる x の値という意味である．運動方程式(1.39)の右辺をみると，平衡値は $x=0$ と $x=x_\infty$ の 2 つがある．$x_0 \neq 0$ であれば，必ず x_∞ への漸近が起こることが示される．

2.3 分解によって現れる秩序

ある系の運動を観測し，1つの量 u の時間変化をデータとして記録したとする．これを時刻 t の関数として $u(t)$ と書く．私たちは，まだ $u(t)$ を支配する法則(たとえば微分法則である運動方程式)を知らない．観測結果から法則を探るには，まず系の状態を表す変数は何であるかを明らかにしなくてはならない．u は，私たちが注目している1つの観測可能な変数であるに過ぎず，これだけで系の状態が表現されるという前提はない．系の内部にあるかもしれない他の自由度や，外部との結合を与える変数が，現象の中にどのように組み込まれているのかわからない．こういう段階から，研究が始まるのである．

もし $u(t)$ の振る舞いが「単純」であるならば，変数 u に関わる法則は u のみで表現できるといってよかろう．すなわち，変数 u の空間は，その外部の世界から〈切断〉されていると考えてよい．たとえば，$u(t)$ が一定値 c をとるならば，私たちは「u 不変の法則」をみつけたことになる．あるいは $du(t)/dt = c$ (定数)であれば「速度(du/dt)不変の法則」を見出したといえる．$(du(t)/dt)/u = c$ (定数)であるときは〈指数法則〉である．

もちろん，これらは注目している変数 u を含む「最小の法則」という意味であって，系の運動そのものを完全に理解したといっているのではない．たとえば，多数の粒子が相互作用する力学系に対して，u として全質量を測定したとする．これが一定であることは質量保存則を意味する．これはひとつの真実であるが，系のミクロな運動状態，相互作用の性質，さらには粒子のミクロな構造などについては何も記述していない．つまり，変数 u の空間は，現象の他の側面，異なる階層から切断されている．

上記の「法則」に現れる定数 c は，系がおかれている「環境」によって変化するパラメタであるかもしれない．たとえば，u は虫の個体数を表すとし，その変化が $(du(t)/dt)/u = c$ なる法則にしたがうという場合，c は気温や餌の量によって変化するだろう．虫の生態系と外界(環境)との結合は，パラメタ c に還元されたことになる．ある変数 u と外界との関係をいくつかのパラメタに還元して表現できる場合も(これを，パラメタに〈繰り込む〉という)，私たちは u の空間を外界から切断できたと考えてよい．

問題は，$u(t)$ の振る舞いが「複雑」であって，直ちには法則性がみえないときである．このような場合，u 以外の変数が連関して運動を構成していると

考えるのが自然である．つまり，系の状態はあるベクトル変数の運動 $\boldsymbol{x}(t)$ によって表されており，これを1つの座標 $\boldsymbol{e}$ に「射影」したものが $u(t)=\boldsymbol{x}(t)\cdot\boldsymbol{e}$ であると考える．運動を支配する法則を見出すためには，連関しあう状態変数をすべて包摂する空間を探さなくてはならない．

観測している変数 $u(t)$ を包摂する状態空間をどのようにしてみつけることができるだろうか．$u(t)$ の時間微分を調べるというのがひとつの――ニュートンに倣った伝統的な――方法である．$u^{(\nu)}=d^\nu u/dt^\nu$ とおく．データ $u(t)=u^{(0)}(t)$ から $u^{(1)}(t),\cdots,u^{(n)}(t)$ を計算し，これを $n+1$ 次元空間にプロットする．もし，これらの変数間に普遍的な(すなわち初期条件によらない)関係式(すなわち n 階の微分方程式)が成立しているならば，$n+1$ 次元空間の中に，その関係式を表すひとつのグラフがあるはずだ(図2.2では振り子の運動を例に，この問題を考察した)．データをプロットする空間の次元 $n+1$ をいくらにすれば，グラフの「構造」がみえてくるだろうか？ グラフがはめこまれた空間の次元が $n+1$ であるとき，運動の〈自由度〉は n である．

このような方針が成功するのは，u 以外の変数($u_1,\cdots,u_{n-1}$ と書こう)との相互作用によって生まれる運動の多様性が，1つの変数 u の「歴史($u(t)$)」に還元されてしまう場合である．もし，観測している系が自律的な有限次元線形力学系であったならば，微分の観測が必ずうまくゆく．n 次元の自律線形力学系の運動は，たかだか n 個の〈時定数〉をもつ指数関数(および永年挙動)の合成として表されるのだった(第2.3.2および2.3.3項参照)．相互作用の影響は有限個の時定数に集約されるのである．運動方程式との関係をみておこう．

ある変数 u を含む n 次元の状態ベクトル $\boldsymbol{x}={}^t(u,u_1,\cdots,u_{n-1})\in\mathbb{C}^n$ を考えよう．$\boldsymbol{x}(t)$ は自律線形運動方程式

$$(2.43) \qquad \frac{d}{dt}\boldsymbol{x}=A\boldsymbol{x}$$

にしたがっているとする(私たちは運動方程式をあらかじめ知らないのだが)．第2.3.2および2.3.3項でみたように，$\boldsymbol{x}(t)$ の振る舞いは A の固有値 λ で特徴づけられているはずだ．λ は固有方程式

2.3 分解によって現れる秩序

(2.44) $$\det(\lambda I - A) = 0$$

をみたす．(2.44)の左辺は λ に関して n 次の多項式である．これを

(2.45) $$P(\lambda) = c_n \lambda^n + c_{n-1} \lambda^{n-1} + \cdots + c_0$$

と書こう．すると，$u(t)$ は $P(\lambda)$ の λ を d/dt で置き換えた n 階の微分方程式

(2.46) $$P(d/dt)u = c_n \frac{d^n}{dt^n} u + c_{n-1} \frac{d^{n-1}}{dt^{n-1}} u + \cdots + c_0 u = 0$$

をみたす．実際，自律的な有限次元線形力学系では，状態ベクトルの時間変化は e^{ta_j}（およびジョルダンブロックが現れる場合は永年挙動 $t^p e^{ta_j}$）の形の運動の合成（線形結合）で表され，時定数 a_j は固有値，すなわち特性方程式(2.45)の根 λ に他ならないから，$\boldsymbol{x}(t)$ に含まれる可能性があるすべての成分 e^{ta_j}（および $t^p e^{ta_j}$）は(2.46)をみたす（各成分を代入して検証せよ）．したがって，変数 $u^{(0)}(t), u^{(1)}(t), \cdots, u^{(n)}(t)$ を $n+1$ 次元空間にプロットすると，

$$c_n u^{(n)} + c_{n-1} u^{(n-1)} + \cdots + c_0 u^{(0)} = 0$$

なる線形関係のグラフ（超平面）上を軌道が動くはずである．

　この事実は，自律的な有限次元線形系がもつ，すばらしい切断可能性を示している．1つの変数 u に注目していれば，これと結合する他の変数の影響は，u の微分をみることだけで必ず「法則化」できるのだ[*14]．他の変数との連関は，1つの変数 u に含まれる時定数に還元されるのである．

　非線形系の場合はどうであろうか．たとえば，ある虫の個体数変化を観測し，データ $u(t)$ を得たとすると，これを t について微分して $u^{(0)}, u^{(1)}, \cdots, u^{(n)}$ の空間でプロットをつくるというのが方針である．もし

[*14] (2.4), (2.5)でみたように，ν 階の微分方程式は ν 個の連立1階の微分方程式（すなわち自由度 ν の力学系）に書き換え可能である．この逆，すなわち ν 個の連立1階微分方程式を，単独の ν 階微分方程式に書き換えることは，一般的には不可能である．しかし，自律的な（すなわち係数が定数である）線形微分方程式系の場合には，これが可能だということである．ただし，厳密にいえば，(2.43)の解集合より(2.46)の解集合の方が一般的に大きい．第2.3.3項で述べたように，A の固有値に重根がある場合，それがジョルダンブロックを作って永年挙動を生みだすか，あるいは単に同じ時定数をもつ独立な運動が現れるかは A の構造によっている．しかし，特性方程式(2.44)が重根をもつとき，(2.46)の一般解は永年挙動を含む．

2 規則性からカオスの深淵へ

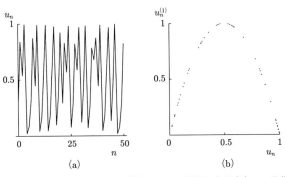

図 2.9 複雑な差分時系列(a)の背景にある単純な法則(b). 1 世代ごとの変化は, 簡単な非線形法則で規定されていることがわかる. この u_n はロジスティック写像で作られたカオスである(図 2.8 参照).

$$u^{(1)} = u^{(0)} - (u^{(0)})^2$$

という 2 次曲線のグラフが得られれば, これから運動方程式(2.34)が見出される.

差分(すなわち時間差をおいた観測値の相関)を観察するというのも似たような発想である. 時間差 δ を決めて, $u(t)$ に対して $u^{(\nu)}(t) = u(t+\nu\delta)$ とおく ($\nu = 0, 1, 2, \cdots$). $u^{(0)}$ から $u^{(n)}$ までの $n+1$ 次元空間でデータをプロットして法則をみつけようというわけである. このような作図を〈リターンマップ(return map)〉という.

差分による次元の展開が最も有効なのは, 差分力学系に対してである. 図 2.9 は, ロジスティック写像で作られたデータ u_n に対して時間幅を 1 として $u_n^{(1)}$ を定義した場合のグラフである. ちょうど, 図 2.8 を生成したプロセスの逆をおこなったことになる. 複雑なデータ u_n の背景に, 簡単な法則があることが, このようなプロットを作ることで浮かび上がるのである.

しかし, 非線形系では, いつもこのように簡単にゆくわけではない. 複数の変数が関連しあう非線形系の場合, そのひとつの観測値を他の変数の運動から切断して法則化することは, 一般的には不可能である. 上記の例(図 2.9)は, もともと変数が 1 つであったからうまくいったのである. 一般に複数の変数が連関するとき, 非線形の相互作用は「無限の多様性」を生みだし, 1 つの変

2.3 分解によって現れる秩序

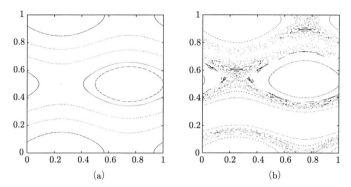

図2.10 ABC流の流線．$x_3=0$ の平面を通過する点を表示したもの(ポアンカレプロット)．(a)では $A=0$, $B=1$, $C=0.3$. この場合，ABC流は x_3 に依存しない．(b)では $A=0.2$, $B=1$, $C=0.3$. この場合，ABC流はすべての変数に依存し，3次元的に変動する．流線はカオスになる．

数がみたす有限な法則に還元することは不可能になる．

具体的な例をみよう．まずモデルでデータを生成するために，3つの変数 (x_1, x_2, x_3) に関する非線形力学系

$$(2.47) \qquad \frac{d}{dt}\begin{pmatrix} x_1 \\ x_2 \\ x_3 \end{pmatrix} = \begin{pmatrix} A\sin\lambda x_3 + C\cos\lambda x_2 \\ B\sin\lambda x_1 + A\cos\lambda x_3 \\ C\sin\lambda x_2 + B\cos\lambda x_1 \end{pmatrix}$$

を考える．λ および A, B, C は実定数である．右辺のベクトル場を〈Arnold-Beltrami-Childress(ABC)流〉という．これは x, y, z すべての方向に $2\pi/\lambda$ を周期とする関数である．以下 $\lambda=2\pi$ とする．辺長1の立方体セルを考えて，その中に軌道を重ね書くと図2.10のようになる．ここでは，パラメタ A, B, C の2通りの組合せについて，軌道が $x_3=0$ の面を通過する点をプロットしてある．このような軌道の断面のプロットを〈ポアンカレ(Poincaré)プロット〉という．

A, B, C のうち，少なくとも1つが0であるとき，規則正しい運動が起こり，ポアンカレプロットは単純な構造をもったパターンを浮かび上がらせる（図(a)は $A=0$ とおいた場合である）．しかし，A, B, C のすべてが0でない場

合(図(b)参照),乱れた運動(カオス)が起こる.

さて,問題は,1つのパラメタの観察からどれだけのことがわかるかである.そこで x_1 を観察して,この時間変化を $u(t)$ として記録したとしよう.上記の方針は,$u(t)$ の時間微分 $u^{(\nu)}$ を作って法則をみつけようというものであった.$A=0$ の場合であれば,変数 $u^{(0)}, \cdots, u^{(3)}$ で張られる4次元空間に

$$(2.48) \qquad u^{(3)}\sin\lambda u^{(0)} - u^{(2)}\lambda\cos\lambda u^{(0)} + u^{(1)}B^2\lambda^2\sin^3\lambda u^{(0)} = 0$$

というグラフが得られるはずである(ただし $\lambda=2\pi$).実際,$u^{(0)}=x_1$ とおき,(2.47)の第1および第2成分から x_2 を消去すれば,(2.48)を導くことができる(今は運動方程式を知らないとしての思考実験であるから,データから得た(2.48)を用いて(2.47)を推論することになるのだが).

しかし,同じような計算を A, B, C のすべてが0でない場合について試みようとすると,第3の変数 x_3 の影響を消去することができない.したがって,$u^{(0)}, u^{(1)}, \cdots$ の無限連鎖が作られ,有限次元で閉じた関係式が得られない.この無限次元性は,非線形系の運動が示す無限の多様性を表象している(図2.10(b)に示すように,この場合はカオスである).この例において無限の多様性を生みだすのは,たかだか3個の変数の非線形な関係がもつ「切断不可能」な連関なのである.

2.4 変動の中で変わらぬもの

2.4.1 保存量と秩序

これまでの議論で明らかになったように,運動の秩序(規則性)を知るためには,系がもつ複数の自由度を分解・切断し,それぞれのパラメタの変化を関数化(積分)する必要がある.線形系は,ベクトル空間(線形空間)の構造を定めている〈基底〉をうまく選択することによって(すなわち固有値問題を解くことで;ノート2.2参照),この分解が可能である.第1.1.1項で指摘しておいたように,線形という枠組みは「空間構造と法則が一体化する」ことを可能にし,秩序を現出させることができるのだ.これに対置される非線形は,定義において「非」であり,それは「空間構造」との不和を意味する.では,非線形

系において運動の秩序を知るためには——すなわち自由度を分解・切断するためには——どうすればよいのか？ ここでは最適な〈基底〉によって空間を構造化することを一般化して〈保存量〉で空間を張ることを企てる．それは，次のような意味だ．

逆説的な言い方だが，変化(運動)を理解するためには変化しない量を探す——これが理論の極意である．運動の途中で変化しない量を〈保存量(constant of motion)〉という．自由度の数だけ保存量があるということは「実は何も変化していない」ということを意味する．運動を記述するパラメタとして保存量となるものを選べば，変動は起きない．あるパラメタで運動を記述したとき状態が変化しているようにみえても，変数変換(座標変換)によって保存量の空間へ移れば変動を消し去ることができるだろう．

最も単純な運動である自由粒子の等速度運動を例として考えよう．ν 次元空間の等速度運動は，位置 $\boldsymbol{q}$ ($\in \mathbb{R}^\nu$) と速度 $\boldsymbol{q}'$ ($\in \mathbb{R}^\nu$) に関する運動方程式

$$(2.49) \qquad \frac{d}{dt}\begin{pmatrix} \boldsymbol{q} \\ \boldsymbol{q}' \end{pmatrix} = \begin{pmatrix} \boldsymbol{q}' \\ 0 \end{pmatrix}$$

によって記述される((2.3)参照)．状態空間は $\boldsymbol{q}$ と $\boldsymbol{q}'$ で張られる $n=2\nu$ 次元の空間である．この解は

$$(2.50) \qquad \boldsymbol{q}'(t) = \boldsymbol{q}'_0, \quad \boldsymbol{q}(t) = \boldsymbol{q}_0 + t\boldsymbol{q}'_0$$

と書ける．$\boldsymbol{q}_0$ と $\boldsymbol{q}'_0$ は，初期位置，初期速度を表す定ベクトルである．まず ν 個の保存量 $\boldsymbol{q}'$ がある．$\boldsymbol{q}'$ は定ベクトルであるから，その成分のうちひとつ (q'_ν とする)を除いて $q'_j=0$ ($j=1, \cdots, \nu-1$) となるように座標を選ぶことができる．すると，$q_j = q_{j,0}$(初期値)となり，新たに $\nu-1$ 個の保存量 q_j ($j=1, \cdots, \nu-1$) を得る．最後に

$$(2.51) \qquad \hat{q}_\nu = q_\nu - tq'_{\nu,0} \quad (= q_{\nu,0})$$

とおくと，これも不変である(t を含む関数であるが，運動する粒子にとっては一定値となるという意味である)．q_ν から $\hat{q}_\nu$ への変換(2.51)は，粒子の初期速度と等しい速度で動く座標系への変換に他ならない(これをガリレイ変換

という). こうして, 自由度 $n=2\nu$ に等しい数だけの保存量を得ることができた. つまり, ガリレイ変換によって「運動を静止に変換できた」のである[*15]. 静止こそ完全な不変性, 完全な秩序態である.

「うまく座標変換をおこなうと直線運動に帰着できる運動」は〈可積分(integrable)〉であるという. 直線運動になってしまえば, あとは粒子(状態空間における点, すなわち系の状態の抽象表現である)と一緒に動く座標に乗れば(ただし, 等速運動とは限らない)[*16], 運動は静止へ変換される. 可積分な運動は見方を変えれば静止しているという意味で, 完全な秩序態と等価である.

例として, 調和振動子の運動を直線運動に変換する手続きをみておこう. 運動方程式は

$$(2.52) \qquad \frac{d^2}{dt^2}q = -\omega^2 q$$

である(線形近似した振り子方程式(2.8)参照). ω は調和振動の角周波数を与える実定数である. $dq/dt=q'$ とおいて 1 階の連立方程式に書き換えると

$$(2.53) \qquad \frac{d}{dt}\begin{pmatrix} q \\ q' \end{pmatrix} = \begin{pmatrix} q' \\ -\omega^2 q \end{pmatrix}.$$

この解は

$$(2.54) \qquad q(t) = A\sin[\omega(t-t_0)], \quad q'(t) = A\omega\cos[\omega(t-t_0)],$$

と与えられる. A は振幅を表す実定数, t_0 は振動の初期位相を決める実定数である. 新しい座標を

$$(2.55) \qquad H(q,q') = \frac{1}{2}\left(q'^2+\omega q^2\right), \quad \tau(q,q') = \omega^{-1}\tan^{-1}(q/q')$$

とおこう(図 2.11). $H(q,q')$ は調和振動子の〈エネルギー〉を意味する関数で

[*15] 保存量はすべて運動の初期条件に他ならないことに注意しよう. このことは, 後の議論 (第 2.4.5 項)で重要な意味をもつ.

[*16] 直線運動の速度が $q'_\nu(q_\nu)$ で与えられれば, これを $dq_\nu/q'_\nu(q_\nu)=dt$ により積分して $\hat{q}_\nu$ を得る. これは, 第 2.2.3 項で述べた可積分という意味に他ならない. 後述の(2.60)参照.

2.4 変動の中で変わらぬもの

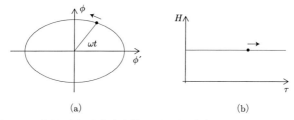

図 2.11 (a)調和振動を表す楕円の軌道．(b)座標変換によって直線運動に変換できる．

ある（第1項は運動エネルギー，第2項はポテンシャルエネルギー）*17．

運動方程式の解(2.54)を代入すると

$$H(q, q') = \frac{(A\omega)^2}{2} \tag{2.56}$$

となる．すなわち〈エネルギー保存則〉が成り立つ．一方，$\tau(q, q')$ に運動方程式の解(2.54)を代入すると

$$\tau(q, q') = t - t_0 \tag{2.57}$$

を得る．$\tau + t_0$ は t に他ならない．したがって，H-τ 空間で調和振動を観察すると，H=一定の直線を軌道とする〈等速直線運動〉にみえるのである．この「単純化」が成功した鍵は，エネルギー保存則(2.56)が見出されたことである．

可積分という意味を幾何学的に説明しよう．n 次元の力学系（自律系とする）の状態をベクトル $\boldsymbol{x} \in \mathbb{R}^n$ により表す（粒子の運動を考える場合は，その力学的状態は，位置と速度によって表されるので，$\boldsymbol{x}$ は位置（$\boldsymbol{q}$）と速度（$\boldsymbol{q}'$）を合わせた $n = 2\nu$ 次元のベクトルである）．運動方程式を

---

*17 力学理論では，H, τ のペアの代わりに，これとほとんど等価な $I = H/\omega, \phi = \omega\tau$ のペアを用いることが多い．I を〈作用変数(action variable)〉，ϕ を〈角変数(angle variable)〉と呼ぶ．ω が（したがって H も）振動の1周期（ω^{-1}）に比べてゆっくり変化する場合でも，$I = H/\omega$ はほとんど一定であることが示される．外的な条件のゆっくりした変化に対して不変に保たれる I のような保存量を〈断熱不変量(adiabatic invariant)〉と呼ぶ．量子論の世界では，ω が「ひとつの量子」のエネルギーを意味する．一方，H は振動子の古典的なエネルギーである．したがって $I = H/\omega$ には，古典的な振動子を構成する「量子の数」という意味が与えられる．

2 規則性からカオスの深淵へ

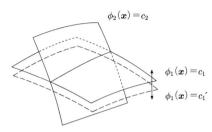

図 2.12 軌道(曲線)は超曲面の交線として表される．各超曲面を規定する定数 c_j を変化させると，軌道は保存量を定義する関数の規則にしたがって変化する．

(2.58) $$\frac{d}{dt}\boldsymbol{x} = \boldsymbol{V}(\boldsymbol{x})$$

としよう．これを初期条件のもとで解いて軌道 $\{\boldsymbol{x}(t)\}$ が得られる．

空間 $\mathbb{R}^n$ 内の滑らかな曲線は，$n-1$ 枚の超曲面の交差によって表すことができる(図 2.12 参照)[*18]．つまり，曲線上の点 $\boldsymbol{P}$ の近傍で定義された $n-1$ 個の滑らかな実関数 $\phi_j(\boldsymbol{x})$ と実定数 c_j を用いて

(2.59) $$\phi_j(\boldsymbol{x}) = c_j \quad (j = 1, 2, \cdots, n-1)$$

をみたす点の集合として特徴づけることができる．各超曲面を与える $n-1$ 個の関数 ϕ_j は運動の〈保存量〉を表す．実際，軌道は $\phi_j(\boldsymbol{x})=c_j$ (定数)により定められる超平面(関数 ϕ_j のレベルセット)に含まれるので，軌道上を点 $\boldsymbol{x}(t)$ が運動しても $\phi_j(\boldsymbol{x}(t))$ は一定の値 c_j を保つ．

ある力学系に関して，もし $n-1$ 個の保存量が〈先験的(a priori)〉に知られていて，それらによって定義されるレベルセットが互いに平行でないという意味で「独立」であるならば，これら $n-1$ 枚のレベルセットの交線として軌道が与えられる．このような場合が〈可積分〉である．つまり，保存量を新しい座標であると考えて座標変換すると，運動は直線運動として観測される．

[*18] 自律系でない場合($\boldsymbol{V}$ が t を含む関数である場合)は，〈軌道〉を時空間(時刻 t と状態変数 $\boldsymbol{x}$ とで張られる空間)において定義する必要がある(第 2.1.2 項参照)．

本項の最初に,「最適な基底によって空間を構造化することを一般化して〈保存量〉で空間を張る」といったのは,このことである.線形理論の枠を超えて非線形系に対して秩序を知るためには,〈基底ベクトル〉という真直ぐな軸で空間を構造化する代わりに,適当に曲がった軸で構造化する.この曲がった軸を独立な〈保存量〉に選べば,自由度がうまく分解できる.曲がった軸を新たに基底だと思えば(つまり変数変換すれば)軌道は直線になるというわけだ.

〈可積分〉という言葉は,第 2.2.3 項で既に用いている.すなわち,運動方程式を「積分」して,運動を表す関数を定義できるという意味であった.これと,ここで〈可積分〉といっていることが等価であることは,次のようにして示される.保存量を表す関係式

$$\phi_j(x_1,\cdots,x_n) = c_j \quad (j=1,\cdots,n-1)$$

を $x_1,\cdots,x_{n-1}$ について解くと, $x_j(t)=\xi_j(x_n(t);c_1,\cdots,c_{n-1})$ と表すことができる(ξ_j は t を陽に含まない関数である).これを用いて運動方程式(2.58)の右辺 $\boldsymbol{V}$ に含まれる $x_1,\cdots,x_{n-1}$ を消去する.(2.58)の第 n 成分は 1 次元の微分方程式

(2.60) $$\frac{d}{dt}x_n = V_n(x_n)$$

の形に書くことができる.これは変数分離型であるから

(2.61) $$\int \frac{dx_n}{V_n(x_n)} = t-t_0$$

のように「積分」して $x_n(t)$ が求められる(t_0 は初期時刻を表す積分定数である).得られた $x_n(t)$ を ξ_j ($j=1,\cdots,n-1$)に代入して他の変数が決定され,軌道が求められる.

保存量の不変性は,偶然に選ばれたひとつの軌道について成り立つのではなく,あらゆる初期条件から始まる運動について保証されなくてはならない.初期条件を変えることは,保存則(2.59)に現れる定数 c_j を変えることに対応する.これによって(2.59)が規定する超曲面が移動し(図 2.12 参照),異なる初期条件から出発する軌道が得られる.

初期条件が未来の状態を規定していると考えるのが力学の根本にある哲学である．これを〈決定論(determinism)〉という．しかし，初期条件の情報が運動の過程で伝わってゆくプロセスは，一般的に極めて複雑である．可積分である場合は，保存量が自由度の数だけあるから，初期条件に含まれる情報がどのような形で「保存」され伝播するかが完全にわかる．

したがって，可積分とは，微分方程式(2.58)の初期値問題を解くことができる(これが一意的な解をもつ[*19]という意味で決定論が成り立つ)ということより強い条件である．単に微分方程式が解けても，初期状態とある時刻の状態の関係(第 2.3.1 項では抽象的な写像 $T(t)$ で表した)が「法則」として表現できたとはいえない．保存則をみつけることによってはじめて運動の秩序を具体的に理解することができるのである．

2.4.2　カオス——真の動態

前項で述べたように，保存量を用いて座標変換することで運動を静止(完全な秩序態)に変換できることを可積分という．これができないこと，すなわち〈非可積分〉は〈カオス〉に等置される．カオスとは，静止した状態としてみることが決してできない「真の動態」なのである．それはどのようなものであるのか，なぜそのようなことが起こるのかについて考えよう．

保存量は，軌道(n 次元の状態空間にはめこまれた曲線)を含む超曲面を定義する関数である((2.59)参照)．軌道が与えられれば，その曲線を含む $n-1$ 枚の独立な超曲面が存在するはずである．各超曲面を与える関数を「どうやって具体的に表すことができるのか」という問題は保留するとして，原理的にはこのような関数が存在するだろう．それならば，すべての運動は可積分ということになるではないか？　実際，物理学の発展の過程では，このような信念に基づいて保存量の探求に努力が注がれてきた．

しかし，実際には〈非可積分〉ということが起こる．問題の根源は，曲線を含む超曲面を与える表式(2.59)において「ある点の近傍で」と但し書きをつ

[*19]　常微分方程式(2.58)の初期値問題は，$V(x, t)$ が x と t について連続かつ有界であれば解をもつ．さらに V が x についてリプシッツ(Lipschitz)連続であれば，解は一意的である(ノート 1.2 参照)．

けなくてはならないことにある．上記のような幾何学的直観は，軌道上の「有限な長さの部分」を想定したものでしかない．軌道が無限に長い場合，その全体を含むような超曲面の表現可能性が危うくなるのだ．ある領域内を無限に巡回しながら，他の軌道と複雑に入り組んでゆく軌道の群をイメージしてみよう（図2.10参照）．各超曲面を定義する保存量は，1つの軌道に沿って一定の値をもつ．したがって，各レベルセットは空間的に入り組んだ複雑な構造をもつことになる．さらに，異なる軌道に沿って異なる値のレベルセットが入り組んでくる．このような複雑な構造は，滑らかな一価関数のレベルセットとして表すことはできなくなる．この状況がカオスをつくりだす．

逆にいえば，有限な長さの軌道の群，すなわち〈周期運動〉を表す閉じた曲線群によって表される運動は可積分である．周期運動でも非線形になると，運動を具体的に計算することは一般的には大変である（第2.2.2項参照）．しかし，ある時間を待てば元の状態が回復し，何度でも同じ歴史が繰り返されるという運動は，その過程がいくら複雑でも，可積分である．そうでないもの，つまり決して繰り返さない時間発展（非周期的）であることがカオスの条件である．

一方，無限に長い軌道をもつ非回帰的な運動でも，無限に広い状態空間において単純に延びてゆく軌道，たとえば第2.4.1項でみた自由粒子の軌道などは可積分である．したがって，非周期性（軌道が無限に長いこと）はカオスの必要条件であるが十分条件ではない．カオスは，いわば限られた領域の中で無限の多様性が創出される過程なのである．

2.4.3 集団的な秩序

決定論の世界観では，運動の個別性は初期条件の差異に還元される．ある特別な初期条件に対してのみ，運動が極めて単純である（たとえば静止している，あるいは周期運動する）ということがあり得る．しかし，これだけでは系が秩序をもつとはいえない．秩序とは普遍的な性質でなくてはならないからだ．多様な初期条件に対する運動群を考え，そこにある普遍性を探りだすという問題を考える必要がある．

いろいろな初期条件をもつ「粒子の集団」を考えよう．ここでは，粒子はそ

れぞれ独立であるとし，粒子間の相互作用は考えない[*20]．まず，このような粒子集団の運動を表現する方程式を定式化する．個々の粒子の運動をひとつずつ追跡するのではなく，粒子集団の全体的な運動の様子を記述したい．そこで，粒子のさまざまな特性を数量化した変数（たとえば粒子の数，運動量，エネルギーなどであり，これらを抽象的に「物理量」という）が，状態空間においてどのように分布するかに注目する．

ひとつの粒子の状態空間を $\mathbb{R}^n$ とする．粒子間の相互作用がないとしたので，各々の粒子の自由度に関する状態空間の中で運動法則が閉じる．状態空間は任意の粒子について同等であるから，この中に初期条件が異なる多数の粒子が入っていると思えばよい．各粒子の運動は常微分方程式(2.58)によって支配される．すなわち，個々の初期値に対して(2.58)を解くと，それぞれの粒子の軌道 $\boldsymbol{x}(t)$ が決定される．

さて，ある物理量の分布（たとえば状態空間における粒子数の密度分布）が関数 $u(\boldsymbol{x}, t)$ によって表されるとしよう．変数 $\boldsymbol{x}$ にひとつの粒子の軌道 $\boldsymbol{x}(t)$ を代入して $u(\boldsymbol{x}(t), t)$ とし，これを時刻 t に関して微分すると「粒子軌道に沿った時間微分」が計算される．$\boldsymbol{x}$ を固定して t について微分した偏微分 $\partial u/\partial t$ は「定点観測」をした場合の u の変動を表す．これに対して，ある運動している粒子（これを観測者と考える）が感じる u の変動を表すのが $du(\boldsymbol{x}(t), t)/dt$ である．運動方程式(2.58)を用いて計算すると

$$(2.62) \quad \frac{d}{dt}u(\boldsymbol{x}(t), t) = \frac{\partial}{\partial t}u + \sum_{j=1}^{n} \frac{dx_j}{dt}\frac{\partial}{\partial x_j}u = \frac{\partial}{\partial t}u + \sum_{j=1}^{n} V_j \frac{\partial}{\partial x_j}u$$
$$= \frac{\partial}{\partial t}u + \boldsymbol{V}\cdot\nabla u$$

を得る．最右辺に現れた表式には，個別的な粒子の軌道が含まれない（速度場 $\boldsymbol{V}$ に置き換えられた）ので，すべての粒子軌道に対して普遍的に作用する微分演算とすることができる．この時空間微分 $(\partial/\partial t + \boldsymbol{V}\cdot\nabla)$ を〈ラグランジュ

[*20] 初期条件の違いから，どのような運動の違いが現れるのか，あるいはどのような普遍性があるのかを調べることが，本節の目的である．したがって，ここで「粒子」とは，系がとり得るひとつの状態を抽象化した概念である．一方，あるマクロな系を構成する〈要素〉として〈粒子〉を考える場合は，要素間の相互作用を考えることが本質的な課題となる．これについては，第 3.3 節で考察する．

(Lagrange)微分〉という.

物理量 $u(\boldsymbol{x}, t)$ が保存量であるとは,任意の初期値から出発する軌道に沿って,これが不変であることをいう.つまり,運動方程式(2.58)に関する保存量は偏微分方程式

(2.63) $$\frac{\partial}{\partial t}u + \boldsymbol{V}\cdot\nabla u = 0$$

をみたす関数である.一般に u は時刻 t を含む関数であり,位置 $\boldsymbol{x}$ を固定して観測すると時間変化するかもしれない.しかし,運動する粒子からみると一定に保たれるという意味である((2.51)でみた例を思い出そう).第 2.4.1 項では,とくに t を含まない保存量について考察した((2.59)参照).これらは,(2.63)の定常解($\partial u/\partial t=0$)である.

保存量を支配する偏微分方程式(2.63)を〈集団運動方程式〉と呼び,個々の粒子の運動を記述する〈粒子運動方程式〉(2.58)と対比する(ノート 2.3 参照).

多くの粒子の中から 1 個の粒子を「テスト粒子」として選ぶ.その粒子の軌道は粒子運動方程式(2.58)により定められる.$u(\boldsymbol{x}, t)$ が保存量であるならば,u の値は軌道の上で一定でなくてはならない.いろいろな初期条件のテスト粒子について(2.58)を解き,それぞれの軌道上に u の値を与えると,集団運動方程式(2.63)の解が構築できる.つまり,常微分方程式(2.58)が解ければ偏微分方程式(2.63)が解ける.

自由運動する粒子の場合を例にとって,具体的に計算してみよう.速度ベクトルの方向の座標を x とする.粒子運動方程式は

(2.64) $$\frac{d}{dt}x = c \quad (定数)$$

である.初期条件 $x(0)=\hat{x}$ を与えて(2.64)を解くと $x(t)=\hat{x}+ct$ を得る.逆に,時刻 t において位置 x にある粒子は,もとを辿ると $t=0$ では $\hat{x}=x-ct$ にあったことになる.集団運動方程式(2.63)は,粒子の運動に沿って u が保存することを意味する式であるから,$u(x,t)=u(x-ct,0)$ でなくてはならない.u の初期分布を $f(x)$ と表すならば,この右辺は $f(x-ct)$ と書ける.したがって,(2.63)の〈初期値問題〉の解は

2 規則性からカオスの深淵へ

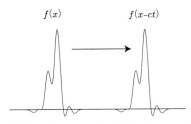

図 2.13 波の伝播. $f(x-ct)$ で表される波は, $f(x)$ に対するガリレイ変換に他ならない.

(2.65) $$u(x,t) = f(x-ct)$$

と与えられる．これは，関数 $f(x)$ が形を変えず一定の速度 c で移動すること，すなわち「波の伝播」を表す(図 2.13)．よって偏微分方程式(2.63)は〈波動方程式(wave equation)〉と呼ばれる．

一般の力学系，すなわち粒子の速度(n 次元ベクトルとする)が一定でない一般の場合について「形式的」に解を表現しておこう[*21]．初期値 $\hat{\boldsymbol{x}}$ に対して粒子運動方程式(2.58)を解いて軌道 $\boldsymbol{x}(\hat{\boldsymbol{x}};t)$ が求められたとしよう．ここでパラメタ $\hat{\boldsymbol{x}}$ は軌道の出発点を明らかにするために付加してある．軌道の表式 $\boldsymbol{x}(\hat{\boldsymbol{x}};t)$ は，t をパラメタとして，$\hat{\boldsymbol{x}}$ から $\boldsymbol{x}$ への写像と考えることができる．この逆像を $\hat{\boldsymbol{x}}(\boldsymbol{x},t)$ と表す[*22]．時刻 t において位置 $\boldsymbol{x}$ にあるテスト粒子は，時間をさかのぼって $t=0$ では，位置 $\hat{\boldsymbol{x}}(\boldsymbol{x},t)$ にあったことになる．したがって，集団運動方程式(2.63)の解は，初期分布 $u(\boldsymbol{x},0)$ を $f(\boldsymbol{x})$ と書くならば

(2.66) $$u(\boldsymbol{x},t) = f(\hat{\boldsymbol{x}}(\boldsymbol{x},t))$$

と与えられる．(2.66)が(2.63)をみたすことを，直接代入して確かめられた

[*21] $\boldsymbol{V}$ が t を含む非自律系の場合に拡張してもよい．ただし非自律系の場合，時空間(時刻 t と状態ベクトル $\boldsymbol{x}$ で張られる空間)において軌道を定義しなくてはならない．$\boldsymbol{x}$ のみを観察すると，異なる時刻の状態が重なりあって軌道が交差することがあるからである(第 2.1.2 項参照)．

[*22] 理想的な力学系の場合，$\boldsymbol{V}$ が非圧縮($\nabla\cdot\boldsymbol{V}=0$)であると仮定できる(ノート 2.4 参照)．このとき，軌道($\boldsymbol{V}$ により定められる流線)は発生消滅することはないので，この逆写像の存在が保証される．

い．

2.4.4 完全解——秩序を表現する空間

　前項では集団運動方程式(2.63)を解くために，粒子運動方程式(2.58)を用いて粒子の軌道群を計算すればよいことを示した．これは，偏微分方程式を常微分方程式に帰着して解くという意味である．逆に，集団運動方程式の解を使って粒子運動方程式を解くことができる．常微分方程式を解くのに偏微分方程式を用いるというのは，持って回ったやり方のようだが，運動の秩序を知るためには，このルートを採るのがよい．集団運動方程式は，運動の秩序を表現する〈保存量〉を与える方程式だからである．保存量の探求は，空間表現の探求である．無限の可能性をもつ空間表現(座標系の定義)の中から「最適なもの」を選ぶと，運動態の変動が縮減され「静止」という完全な秩序へ還元されるだろうと考えるのである(第 2.4.1 項参照)．このとき，空間は保存量だけで張られている．

　時空間で定義された関数 $\varphi(\boldsymbol{x},t)$ がひとつの保存量であるとしよう．すなわち，$\varphi(\boldsymbol{x},t)$ は(2.63)の解であるとする．流れ $\boldsymbol{V}$ が作るあらゆる流線(すなわち，任意の初期条件に対して粒子運動方程式(2.58)が定める軌道)に沿って，φ は一定である．

$$(2.67) \qquad \varphi(\boldsymbol{x},t) = c \;(\text{定数})$$

という関係をみたす点の集合は，時空間の中にひとつの〈グラフ〉を定義する．粒子の軌道は，かならずこのようなグラフの上を運動する(初期条件に応じて，定数 c の値が選ばれる)．

　独立な(つまりグラフが平行でない)保存量が m 個あるとしよう．それらを $\varphi_j(x_1,\cdots,x_n,t)$ $(j=1,\cdots,m)$ と書く．これらのうち，少なくとも1つは t を含むとする．たとえば，φ_m が t を含むとして，保存則

$$(2.68) \qquad \varphi_m(x_1,\cdots,x_n,t) = c_m$$

を t について解く(解は，一価関数として定まるとは限らないが，有限な時間に関しては少なくとも多価関数として定義できる)．これを用いて他の保存量

に含まれる t を消去すると，t を含まない保存量((2.63)の定常解)が $m-1$ 個得られる．

　第2.4.1項の議論に戻ると，独立な保存量の数 m が，系の自由度 n に等しくなると〈可積分〉である．すなわち，粒子の運動は保存量が定義するグラフ(超曲面)の交線として与えられる．自由度 n に等しい数の独立な保存量を「保存量の完全なセット」ということにしよう．

　保存量，すなわち(2.63)の解 φ があると，任意の滑らかな関数 f に対して

$$\frac{\partial}{\partial t}f(\varphi(\boldsymbol{x},t))+(\boldsymbol{V}\cdot\nabla)f(\varphi(\boldsymbol{x},t))=f'\left[\frac{\partial}{\partial t}\varphi+(\boldsymbol{V}\cdot\nabla)\varphi\right]=0$$

が成り立つ．したがって，$f(\varphi)$ も保存量である．同様に，m 個の保存量 $\varphi_j(\boldsymbol{x},t)$ があるとき，変数を m 個含む任意の関数 f に対して $f(\varphi_1,\cdots,\varphi_m)$ を作ると，これも(2.63)の解を与える．

　偏微分方程式(2.63)の〈完全解(complete solution)〉とは，時空間の次元 $n+1$ と同じ数だけの独立な保存量を任意に合成した関数

(2.69) $$u=f(\varphi_0,\cdots,\varphi_n)$$

のことである．$u=a$ (定数)とすれば明らかに(2.63)をみたすので，$\varphi_0=a\,(=1)$ とおいてよい．あと n 個の「自明でない保存量」をみつければ，完全解が得られたことになる．

　$n+1$ 個の〈パラメタ〉を含む解を完全解といってもよい．任意の実定数 $k_0,\cdots,k_n$ を含む関数 $\sigma(t,x_1,\cdots,x_n;k_0,\cdots,k_n)$ が偏微分方程式(2.63)をみたすとしよう．このとき，$\partial\sigma/\partial k_j=\varphi_j\,(j=0,\cdots,n)$ とおくと，各々の φ_j は(2.63)をみたす(φ_j に含まれる $k_0,\cdots,k_n$ は適当な値に固定してよい)．こうして，σ から $n+1$ 個の独立な保存量を「生成」することができるのである．たとえば，(2.69)で関数 f を線形関数として $\sigma=k_0\varphi_0+\cdots+k_n\varphi_n$ とおくと，線形結合係数 k_j がパラメタである．

　自由度 n よりも少ない数 m だけしか保存量(あるいはパラメタ)を含まない解 $f(\varphi_1,\cdots,\varphi_m)$ は「不完全解」である．後の議論(第3.2節)で明らかになるように，ある種の不完全解(少数の保存則によって与えられる解)は，しばしば

重要な意味をもつ.

2.4.5 「無限」という落とし穴

保存量(集団運動方程式(2.63)の解)を自由度の数だけ求めることができれば〈可積分〉である. (2.63)の初期値問題に対する解の表式(2.66)において, 初期条件によって指定される関数 f は任意であるから, これを〈完全解〉と見なすことができるように思われる. つまり, (2.66)を定義する「初期値へさかのぼる写像」の各座標成分 $\hat{x}_j(x_1,\cdots,x_n,t)$ $(j=1,\cdots,n)$ は「保存量の完全なセット」だとみえる ($n+1$ 番目の自明な保存量である定数 a は $f(\hat{x}_1,\cdots,\hat{x}_n)$ に付加定数として含めておけばよい). 各 $\hat{x}_j(\boldsymbol{x},t)$ $(j=1,\cdots,n)$ は〈初期値〉を意味する保存量である(粒子の軌道に沿ってその初期値が記憶されている).

写像 $\hat{\boldsymbol{x}}(\boldsymbol{x},t)$ は, 運動方程式(2.58)の初期値問題が一意的に解ける限り定義可能である. すると, 運動方程式の可解性＝可積分ということなのか? ならば〈非可積分〉ということはあり得ないのか? この推論は「無限」ということの陥穽を見落としている. これが, 非可積分という困難を看過する原因だ. 慎重に考えなくてはならない.

まず, 私たちが保存量と呼ぶ関数 $\phi(\boldsymbol{x})$ は, 任意の軌道 $\boldsymbol{x}(t)$ に対して, いかなる t についても $\phi(\boldsymbol{x}(t))=c$ (定数)である必要がある. 不変性は時間の無限な延長に対して成り立たなくてはならないのだ. ところが, 初期値へさかのぼる写像 $\hat{\boldsymbol{x}}(\boldsymbol{x},t)$ はどうやって定義しているか. 運動方程式(2.58)の初期値問題を, 時刻 t まで解く. 次に, 求めた軌道を時刻 0 までさかのぼる. こうして $\hat{\boldsymbol{x}}(\boldsymbol{x},t)$ が, 時刻 t まで定義されたことになる. 私たちが計算可能なのは, 実際に初期値問題を解きながら辿り着いた有限な時刻 t までの写像である. t まで計算してみて(しかも状態空間の点を網羅して), はじめて t から時間をさかのぼる写像 $\hat{\boldsymbol{x}}(\boldsymbol{x},t)$ が定義される. このような関数は, 任意の有限な t まで計算可能なものとして実在するはずだが, t が無限の極限で, どのような関数になるのかを知る手掛りを, 私たちは一般的にはもたない((2.65)の例では $x(\hat{x};t)$ が任意の t に対して具体的に表現されたので, $\hat{x}(x,t)$ が任意の t に対して得られたのである). 初期値問題を解いてみるという「経験」に基づく構成法では, 経験より先を「予測する」ことはできないのだ. 逆にいえば, 運動

についての「規則性」を知っているときのみ，無限について議論することができるのである．

以上の意味において，私たちが必要な保存量は「先験的 (a priori)」に知ることができるものでなくてはならない．運動の結果から帰納される知識ではなく，系の「構造」から演繹できるものとして，ある物理量の不変性を証明できなくてはならないのである．

系の構造といったのは，具体的には「対称性」である．対称性から不変性を導き出すという理論こそ力学の真髄である．これについて次節で説明しなくてはならない．

2.5 対称性と保存則

2.5.1 対称性とは

私たちは，個別の運動を観測するという経験からではなく，法則自身の構造を調べることで，運動の秩序を見出そうとしている．ここで私たちが注目するのは〈対称性 (symmetry)〉である．

まず簡単な例をみよう．自由粒子は，最も単純な秩序運動(可積分な運動)をおこなう．第 2.4.1 項で用いた例をここでも使う．運動方程式 (2.49) を一般化して粒子運動方程式 (2.58) の形式で書く．状態空間(n 次元とする)の流れを表すベクトル場 $\boldsymbol{V}$ が定ベクトルである場合を考える．座標を巧く選んで $V_1, \cdots, V_{n-1}=0$, $V_n=V$(定数)となるようにする．前節で説明した処方箋にしたがって，集団運動方程式 (2.63) を用いて保存量をみつけよう．定ベクトル $\boldsymbol{V}$ に対して

$$(2.70) \qquad \frac{\partial}{\partial t}u + \boldsymbol{V}\cdot\nabla u = \frac{\partial}{\partial t}u + V\frac{\partial}{\partial x_n}u = 0$$

と書ける．方程式 (2.70) に関与する独立変数は x_n と t のみである．残りの変数 $x_1, \cdots, x_{n-1}$ は方程式に現れない．したがって，運動の法則は，これらの変数を変えても不変である．これが〈対称性〉という意味である．対称性は直ちに保存量を与える．すなわち

$$\varphi_j = x_j \quad (j=1,\cdots,n-1)$$

は集団運動方程式(2.70)の「自明な解」である.

この例から次のことが示唆された.「法則に関与しない変数は保存量である」ということ,したがって「保存量をみつけるには,法則に関与しない変数(すなわち対称性)を探せ」ということだ.(2.58)の形に書かれた運動方程式の場合,各点・各時刻で運動の方向を決めるベクトル場 $\boldsymbol{V}(\boldsymbol{x},t)$ が運動を生み出す「装置」である.上記の例では,$\boldsymbol{V}(\boldsymbol{x},t)$ にあからさまな対称性が看て取れた.一般的にはこんなに単純ではないが,運動を記述する変数(座標系)を変換すれば対称性が現れるかもしれない.

運動の普遍的な秩序を知りたいという私たちの探求は

(2.71)　「秩序を顕在化させる空間表現」=「保存量」=「法則の対称性」

という同値関係の上に展開している.この概念の連鎖は,問題の言い換えでしかないが,対称性という端緒から運動の深層に分け入る戦略が示唆されている.

ここで重要なポイントは「運動方程式は座標変換すると形を変える」ということである.だからこそ,一見複雑な運動も単純化できるのではないかと考えているのだ.しかし同時に,座標系の選び方の任意性は,私たちが見出したい〈対称性〉という構造を相対化してしまう.ある座標系で現れた対称性は,別の座標系では隠れてしまうというわけだ.したがって,理論を進めるためには,座標系の選び方に依存しない,つまり運動方程式よりもさらに深層にある構造を探求しなくてはならない.

運動法則がもつ深層の構造は,オイラー(Leonhard Euler; 1707-1783),ラグランジュ(Joseph-Louis Lagrange; 1736-1813),ハミルトン(William Rowan Hamilton; 1805-1865)たちによって研究され,いわゆる解析力学の体系にまとめられている.これによると,運動の設計図は〈エネルギー〉に書き込まれている.したがって,エネルギーの対称性を探ることで運動の秩序が明らかになる.次項で,その意味を説明しよう.

2.5.2 運動の深層構造

　座標系(空間表現)は私たちが任意に選べるものであるが，自然の法則は私たちの選択によらない普遍的なものでなくてはならない．運動方程式(2.58)は，軌道とその接ベクトルとの関係を，ひとつの座標系において幾何学的に表現したものであるから，座標系を変換するたびに形を変える．座標系の選択によらない運動の根本的な原理が，運動方程式よりさらに深層にあるはずだ．その根本原理を，ひとつの座標系を選んで具体的に表現したものが運動方程式だという構図で理論が描けるだろう．

　運動は〈軌道〉という曲線によって表象されるのだが，曲線を数学的に特徴づけるための方法として，これまで論じてきた微分方程式とは別に〈変分原理 (variational principle)〉というものがある．これが，運動の深層構造を表現する方法となる．微分方程式という具体的な法則表現に対して，変分原理はより抽象的な法則表現だということもできる．その抽象化によって生じる「表現の自由度」のなかに座標系の任意性が包摂される．基本的な論理をみていこう．

　変分原理は「事象」を次のように解釈する．「さまざまな可能性の中から実際に現出する事象は，ある目的を最適に達成するものである」と考える[*23]．たとえば，光はA点からB点へ進むとき，到達するまでに要する時間

$$(2.72) \qquad T = \int n \, dq$$

を最小にする経路を選択する($n(\boldsymbol{q})$は屈折率，dqは経路に沿った線積分を表す)．いわゆる〈フェルマー(Pierre de Fermat; 1601-1665)の原理〉である．この場合，光は，到達時間を短くしたいという「目的」から最適な曲線を実際の経路(光線)として選択していると解釈するのだ．

　一般に〈時空間〉で起こる事象を記述する変分原理は〈作用(action)〉と呼ばれる積分量を最小にする問題として表現される．これを〈最小作用の原理〉あるいは〈ハミルトンの原理〉という．時空間の4次元座標を4元ベクトル $\boldsymbol{X} =$

[*23] 「目的」といったのはレトリックである．このような〈目的論(teleology)〉が過度に強調されると，生命進化や生態系の動態，社会現象などが歪んで解釈されたり矮小化されたりする危険がある．ここで述べるのは，あくまで物理学における形式論理である．

$^t(t, x_1, x_2, x_3) = {}^t(x_0, x_1, x_2, x_3)$ により表し，4次元の体積要素を d^4X と書こう．作用とは

(2.73) $$S = \int \sigma(\boldsymbol{X}) \, d^4X$$

なる積分である．一般に「事象」は，観測(空間にある基底を置いてなされる計量)に依存して表現を変える．しかし，積分値は変数変換に対して不変な数値をもつ．この数値によって「目的の達成度」を評価しようというわけである．今はまだ法則を書くための「一般文法」を述べているだけだから，S や σ が何を意味する量なのかは保留しておいて，計算手続きのみをみよう．

粒子の運動を記述する場合，S は時空間内の〈軌道〉に沿った線積分により表されると考えられる．すなわち，位置ベクトルの空間 $\mathbb{R}^3$ の中で，粒子の運動を表す曲線 $\{\boldsymbol{q}(t);\ t_0 \leq t \leq t_1\}$ を考えたとき[*24]，(2.73)における積分 $\sigma(\boldsymbol{X})d^4X$ は，この曲線上の線積分(1次微分形式)に還元される：

(2.74) $$\sigma(\boldsymbol{X})d^4X = -Hdt + \sum_{j=1}^{3} p_j dq_j = \left(-H + \sum_{j=1}^{3} p_j \frac{dq_j}{dt} \right) dt.$$

$\boldsymbol{p} = {}^t(p_1, p_2, p_3)$ および H は曲線 $\{\boldsymbol{q}(t);\ t_0 \leq t \leq t_1\}$ の上で定義された関数であり，前者を〈運動量〉，後者を〈エネルギー〉と呼ぶ(H の前の符号をマイナスにしてあるのは，後の形式美のためである)．また，最右辺の括弧内(以下これを L と書く)を〈ラグランジアン(Lagrangian)〉という．作用とは L の時間積分のことだといってもよい．

$\boldsymbol{p}$ と H は一般に独立ではない．その連関から運動の複雑性が生まれるのだが，力学理論では複雑さを H の方へ押し付ける戦略(難しさは，空間よりも時間についてのパースペクティブだという立場)をとる．すなわち，$\boldsymbol{p}$ は ($\boldsymbol{q}$ と同じように) t の関数として与えられた曲線 $\{\boldsymbol{p}(t);\ t_0 \leq t \leq t_1\}$ であるとし，H の方は $H(\boldsymbol{q}, \boldsymbol{p}, t)$ なる関数と考える．このように $\boldsymbol{q}$, $\boldsymbol{p}$ および t と関連づけられたエネルギー H のことを〈ハミルトニアン(Hamiltonian)〉と呼ぶ．

こうした解釈に基づけば，独立変数は $\boldsymbol{q}$, $\boldsymbol{p}$ および t の7次元であり，積

[*24] ここでは簡単のために1つの粒子の運動を考えるが，一般に n 個の粒子を考えるならば，n 本の曲線 $\{\boldsymbol{q}_j(t);\ j=1,\cdots,n,\ t_0 \leq t \leq t_1\}$ を与えなくてはならない．

分 (2.74) も 7 次元空間の中の線積分だと考えることになる．q と p をまとめて 6 次元のベクトル $\boldsymbol{\xi} = {}^t(q_1, q_2, q_3, p_1, p_2, p_3)$ を定義し[*25]，軌道を表す曲線を $\boldsymbol{\xi}(t)$ と書くと，作用は

$$(2.75) \qquad S = \int_{t_0}^{t_1} L\, dt$$

$$= \int_{t_0}^{t_1} \left(-H(\boldsymbol{\xi}, t) + \sum_j a^j(\boldsymbol{\xi}) \frac{d\xi_j}{dt} \right) dt$$

の形に書ける．ただし，

$$(2.76) \qquad a^j = \begin{cases} p_j & (j=1,2,3), \\ 0 & (j=4,5,6) \end{cases}$$

とおいた(t_0 と t_1 は運動の始まりと終わりを規定する任意の時刻である)．

さて，作用 S の「最適値＝最小値」を「微視的」に特徴づけるのが〈変分法〉である．軌道を微小に動かしたとき(つまり，真の軌道から少しずれた仮想的な曲線を考えたとき) S に生じる変動を変分といい，これを δS と書く．S が最適値(実際は極小値)をとるならば，$\delta S = 0$ でなくてはならない(関数 $f(x)$ が極値をとる点は，微分係数が 0 となる点($f'(x)=0$)であるのと同じ意味である)．

(2.75)で H を抽象的においたままで，変分の計算を実行しよう．$\xi_k(t) \to \xi_k(t) + \delta \xi_k(t)$ と変化させたときの S の変分は

$$\delta S = \int_{t_0}^{t_1} \left[-\frac{\partial H}{\partial \xi_k} \delta \xi_k + \sum_j \left(\frac{\partial a^j}{\partial \xi_k} \delta \xi_k \frac{d\xi_j}{dt} + a^j \delta_{jk} \frac{d\delta \xi_k}{dt} \right) \right] dt$$

と計算できる．ただし，積分区間の両端で軌道はそれぞれ $\boldsymbol{\xi}_0$ と $\boldsymbol{\xi}_1$ に固定されているから，両端で〈境界条件〉として $\delta \xi_k = 0$ がある．これを用いて部分積分をおこなうと

[*25] ここでは空間が 3 次元であるとするが，一般化して ν 次元の空間を考えるならば，$\boldsymbol{\xi}$ は $2 \times \nu$ 次元ベクトルとなる．なお，物理学では，$\boldsymbol{\xi}$ を〈反変(contravariant)ベクトル〉として，その成分を上付きのインデックスで表示するのが一般的であるが，ここではベキとの混乱を避けるために下付きのインデックスを用いる．このために，後の計算で現れるインデックスが，慣用の記号法と上下反転するところがあるので，混乱しないように注意されたい．

2.5 対称性と保存則

$$\delta S = \int_{t_0}^{t_1} \left[-\frac{\partial H}{\partial \xi_k} \delta \xi_k + \sum_j \left(\frac{\partial a^j}{\partial \xi_k} \delta \xi_k \frac{d\xi_j}{dt} - \delta_{jk} \sum_\ell \frac{\partial a^j}{\partial \xi_\ell} \frac{d\xi_\ell}{dt} \delta \xi_k \right) \right] dt$$

$$= \int_{t_0}^{t_1} \left[-\frac{\partial H}{\partial \xi_k} + \sum_j f^{kj} \frac{d\xi_j}{dt} \right] \delta \xi_k \, dt$$

と書ける.ただし

(2.77) $$f^{kj} = \frac{\partial a^j}{\partial \xi_k} - \frac{\partial a^k}{\partial \xi_j}$$

と定義した.以下,f^{kj} を成分とする行列を $\mathcal{F}$ と書く.積分区間内で $\delta \xi_k$ は任意であるから,$\delta S=0$ となるためには

(2.78) $$\sum_j f^{kj} \frac{d\xi_j}{dt} = \frac{\partial H}{\partial \xi_k} \quad (k=1,\cdots,6)$$

が成り立たなくてはならない.これを〈ハミルトンの運動方程式〉という.$a^j(\xi)$ の定義(2.76)を用いて(2.77)を計算すると[*26],

(2.79) $$\mathcal{F} = \begin{pmatrix} 0 & -I \\ I & 0 \end{pmatrix}.$$

これはユニタリ行列であるから逆写像(その成分を f_{kj} と書く)が一意的に定まり,ハミルトンの運動方程式(2.78)は

(2.80) $$\frac{d}{dt}\xi_k = \sum_j f_{kj} \frac{\partial H}{\partial \xi_j} \quad \Longleftrightarrow \quad \frac{d}{dt}\begin{pmatrix} \boldsymbol{q} \\ \boldsymbol{p} \end{pmatrix} = \begin{pmatrix} \partial_{\boldsymbol{p}} H \\ -\partial_{\boldsymbol{q}} H \end{pmatrix}$$

と変形できる.ただし,$\partial_{\boldsymbol{q}}$, $\partial_{\boldsymbol{p}}$ は,それぞれ $\boldsymbol{q}$, $\boldsymbol{p}$ に関する勾配微分(gradient)であり,成分で書くと(一般化して ν 次元空間のとき)

$$\partial_{\boldsymbol{q}} u = \begin{pmatrix} \partial u/\partial q_1 \\ \vdots \\ \partial u/\partial q_\nu \end{pmatrix}, \quad \partial_{\boldsymbol{p}} u = \begin{pmatrix} \partial u/\partial p_1 \\ \vdots \\ \partial u/\partial p_\nu \end{pmatrix}.$$

(2.80)を〈ハミルトンの正準運動方程式〉という(ノート 2.3 参照).

[*26] 一般化して任意の $a^j(\boldsymbol{\xi})$ を考えることができる.ノート 2.4 参照.

以上が,変分原理で運動の法則を記述するための「一般文法」である.力学の課題は,ハミルトンの正準運動方程式(2.80)がニュートンの運動方程式(2.2)と等価になるようにハミルトニアン H(したがってラグランジアン L)を決めることだ.力学系を支配する〈力〉の性質によって,それぞれ H を決定しなくてはならない.たとえば,ポテンシャルエネルギー $U(\boldsymbol{q})$ の勾配微分で与えられる力 $\boldsymbol{F}=-\partial_{\boldsymbol{q}}U$(ベクトルの成分で書くと $F_j=-\partial U/\partial q_j$)を受けて運動する質量 m の粒子に対しては

(2.81)
$$H = \frac{1}{2m}|\boldsymbol{p}|^2 + U(\boldsymbol{q})$$

とおけばよい(代入して確認せよ).H は「運動エネルギー+ポテンシャルエネルギー」に他ならない.また,$d\boldsymbol{q}/dt=\boldsymbol{p}/m$ であるから,ポテンシャル力を受けて運動する粒子の場合には,運動量 $\boldsymbol{p}$ とは速度の質量倍であることがわかる[*27].

私たちは,ハミルトニアン(あるいはラグランジアン)というものを自然の観察から直接的に知ったのではない.最初に法則化されたのは力と運動の関係を表現する運動方程式であった.この具体的な法則の深層にハミルトニアンという設計図があり,それから運動方程式を生成する「文法」が変分原理 $\delta S=0$ である.私たちは,自然の観察から得た運動方程式をもとに,それを生成できるハミルトニアンを推測するのである[*28].このように二次的な抽象化によって同定されるハミルトニアンは,実は一意的なものではなく,ある範囲で「自由度」をもつ.この「自由度」こそ運動の設計図から秩序を読み出す手掛りになる.次項でこのことを示そう.

[*27] 相対性理論の世界では,S は〈固有時間〉を $-mc^2$ 倍したものを意味する(m は静止質量,c は光速).相対性理論では「時間」は相対化されているので,(2.74)で dt とした時間積分は,ある基準系で測った時間という意味しかもたない.運動する物体と一緒に動く系で測定した時間を固有時間といい,これは基準系をどのようにとっても不変でなくてはならない.同様に,作用も基準系の選択によらない数でなくてはならないから,S は固有時間の定数倍でなくてはならないと推論される.

[*28] 物質の運動を支配する根元的な力学法則は,かならず変分原理 $\delta S=0$ の形式で表現できる(その深層にハミルトニアンという設計図がある)と物理学者は考える.しかし,より一般的な運動の科学では(たとえば生態系や経済システムなど,また物理学でも「摩擦力」のような現象論的な力を考える場合),このような文法で法則が表現できるとは限らないことを注意しておく.

2.5.3 「動」から「静」への翻訳

　正準運動方程式(2.80)は，ハミルトニアン H の対称性が保存量を定義するということを見事に表現している．H が座標 q_ℓ を含まないとしよう $(\partial H/\partial q_\ell)$．このとき，(2.80)より直ちに $dp_\ell/dt=0$ を得る．すなわち，座標 q_ℓ に関して対称であるなら，これと「共役な関係」にある運動量 p_ℓ が保存量となる．逆に，p_ℓ に関して対称であれば q_ℓ が保存量になる．

　このような対称性と保存量の関係は，素朴な運動方程式(2.58)について観察した事実(第2.5.1項参照)を抽象化したものである．ここでも，H があからさまな対称性をもつならば，保存量を見出すことは簡単である．しかし，ある座標系で書かれた H に対称性が顕在していなくても，別の座標系で H を書き直せば対称性が現れる可能性がある．つまり，変数変換によって H を書き換えてみようというのが，運動の設計図に含蓄された対称性を読み出すための戦略である．この計算は，同一の運動に対する設計図 H の書き換え可能性を探ることに他ならない．

　運動の秩序を知ろうとする私たちの究極の目標は「巧みに座標系を選ぶことによって，すべての運動を静止へ変換する」ことである(第2.4.1項)．静止しているとき，ハミルトニアン(エネルギー)は 0 である．エネルギーは座標変換すると変化する量であることを，最初に注意しておく．このことを使うと，ハミルトニアンが 0 となる(すなわち「すべての変数」について対称性をもつ)ような座標系をみつけることが，私たちの目標となるのだ．

　ハミルトニアンが 0 となるような座標系を探そうとするならば，座標変換したときハミルトニアンがどのように変換されるかを計算する技術が必要となる．運動方程式の深層構造を記述する作用 S に戻って考えよう．

　軌道を決定する変分原理 $\delta S=0$ は，作用 S に定数 C を加えても変わらない．ある実数値関数 $W(\boldsymbol{q},t)$ を与えて

$$C = W(\boldsymbol{q}_0,t_0) - W(\boldsymbol{q}_1,t_1)$$

とおく．$\tilde{S}=S+C$ と書き，これを積分として表示しよう．(2.74)を用いて S を書くと，

と書くことができる．dW は W の全微分である．ここで，q と同じ次元をもつ変数 $\tilde{q}$ をパラメタとして W に忍び込ませておいてもよい．関数 $W(q, \tilde{q}, t)$ の全微分は

$$dW = \sum_j \frac{\partial W}{\partial q_j} dq_j + \sum_j \frac{\partial W}{\partial \tilde{q}_j} d\tilde{q}_j + \frac{\partial W}{\partial t} dt$$

と与えられる．これを (2.82) に用いると

(2.83) $$\tilde{S} = -\int \left(H + \frac{\partial W}{\partial t}\right) dt + \sum_j \int \left(p_j - \frac{\partial W}{\partial q_j}\right) dq_j - \sum_j \int \frac{\partial W}{\partial \tilde{q}_j} d\tilde{q}_j$$

を得る．ここで

(2.84) $$p_j = \frac{\partial W}{\partial q_j}$$

がみたされるように W を選び，

(2.85) $$\tilde{p}_j = -\frac{\partial W}{\partial \tilde{q}_j},$$

(2.86) $$\tilde{H} = H + \frac{\partial W}{\partial t}$$

とおくと (2.83) は

(2.87) $$\tilde{S} = -\int \tilde{H} dt + \sum_j \int \tilde{p}_j d\tilde{q}_j$$

と書ける．(2.87) は (2.74) と同形であるから，運動方程式は (2.80) と同形になる．ただし，変数は $q \to \tilde{q}$, $p \to \tilde{p}$ と変換され，またハミルトニアンも $H \to \tilde{H}$ と置き換わった．この変換を第 1 種の〈正準変換 (canonical transform)〉という．

ここで用いたのは，作用に定数を加える任意性である．この定数は全微分 $dW(q, \tilde{q}, t)$ を積分したものと考えれば，関数 $W(q, \tilde{q}, t)$ に自由に忍び込ませられるパラメタ $\tilde{q}$ が新しい変数になる．座標変換を誘導する関数 W を正準変換の〈母関数 (generating function)〉という．

上記の「第 1 種」正準変換では，元の運動量変数 p が母関数の形を制限し

表 2.1 正準変換における変数の関係.ハミルトニアンは
$\tilde{H}=H+\partial W/\partial t=H+\partial \Phi/\partial t$ により変換される.

	母関数	旧変数の関係	新変数の関係
第1種	$W=\Phi(\boldsymbol{q},\tilde{\boldsymbol{q}},t)$	$p_j=\partial \Phi/\partial q_j$	$\tilde{p}_j=-\partial \Phi/\partial \tilde{q}_j$
第2種	$W=\Phi(\boldsymbol{q},\tilde{\boldsymbol{p}},t)-\tilde{\boldsymbol{p}}\cdot\tilde{\boldsymbol{q}}$	$p_j=\partial \Phi/\partial q_j$	$\tilde{q}_j=\partial \Phi/\partial \tilde{p}_j$
第3種	$W=\Phi(\boldsymbol{p},\tilde{\boldsymbol{q}},t)+\boldsymbol{p}\cdot\boldsymbol{q}$	$q_j=\partial \Phi/\partial p_j$	$\tilde{p}_j=-\partial \Phi/\partial \tilde{q}_j$
第4種	$W=\Phi(\boldsymbol{p},\tilde{\boldsymbol{p}},t)-\tilde{\boldsymbol{p}}\cdot\tilde{\boldsymbol{q}}+\boldsymbol{p}\cdot\boldsymbol{q}$	$q_j=\partial \Phi/\partial p_j$	$\tilde{q}_j=\partial \Phi/\partial \tilde{p}_j$

((2.84)参照),新しい位置変数 $\tilde{\boldsymbol{q}}$ が自由に選べるパラメタであった.代わりに,新しい運動量変数 $\tilde{\boldsymbol{p}}$ が自由に選べる変換や,元の位置変数 $\boldsymbol{q}$ が母関数の形を制限する変換を考えることもでき,その組合せに応じて4種類の正準変換が定義できる.それらを表2.1にまとめる.母関数と変数変換の関係を検証されたい.

私たちの目標は $\tilde{H}=0$ となるように変換することだ.このとき,(2.80)より $d\tilde{\boldsymbol{q}}/dt=0$, $d\tilde{\boldsymbol{p}}/dt=0$ となって運動は静止する.この変換を与える母関数を求めることが問題の核心である.

表2.1の第2種変換を用いて $\tilde{H}=0$ としよう.(2.86)は

$$\frac{\partial}{\partial t}\Phi+H(q_1,\cdots,q_\nu,p_1,\cdots,p_\nu,t)=0 \tag{2.88}$$

と書ける.ここで,変換の規則から $p_j=\partial \Phi/\partial q_j$ と置き換えられる.すると(2.88)は,母関数に含まれる関数 Φ を決める偏微分方程式である.これを〈ハミルトン-ヤコビ(Hamilton-Jacobi)方程式〉という(ノート2.3の(2.112)を参照).

(2.88)は t と $\boldsymbol{q}$ のみを独立変数とする偏微分方程式のようにみえるが,Φ はパラメタ $\tilde{\boldsymbol{p}}$ を含むように解かなくてはならないことに注意しよう.すなわち〈完全解〉$\Phi(t,q_1,\cdots,q_\nu;\tilde{p}_1,\cdots,\tilde{p}_\nu)$ を求める必要がある.これが求まってはじめて,運動秩序(保存量)の完全な解読が完成する.つまり

$$\tilde{q}_j=\frac{\partial \Phi}{\partial \tilde{p}_j}$$

によって与えられる新しい座標 $\tilde{\boldsymbol{q}}$ において $\tilde{H}=0$ であるから,運動は静止す

る．$\tilde{q}$ および任意定数の $\tilde{p}$ が保存量の完全なセットを与える（ノート 2.3 参照）．

H が t を含まない自律系の場合は，母関数を

$$\Phi(\boldsymbol{q}, \tilde{\boldsymbol{p}}, t) = \Psi(\boldsymbol{q}, \tilde{\boldsymbol{p}}) - Et \tag{2.89}$$

と書くことができ（$E=$ 定数），(2.88) は「エネルギー準位」を決める式

$$H(q_1, \cdots, q_\nu, \partial\Psi/\partial q_1, \cdots, \partial\Psi/\partial q_\nu) = E \tag{2.90}$$

に帰着する．

　これまでの議論をまとめておこう．複雑にみえる現象でも「見方」を変えれば秩序が理解できるかもしれない．見方とは，座標系の選択である．(2.71) に示した秩序概念の連鎖は，結局は座標変換に係わる数学理論によって具体的な意味が与えられる．その理論は，変分原理という力学の深層構造を基に構成される．私たちはハミルトニアン（運動の設計図）に含蓄された対称性を読み出す方法を定式化した．すなわち母関数を決定するための方程式 (2.88) あるいは (2.90) である．これを解くことは〈分解〉という意味をもつ．次項で，このことを論じよう．

2.5.4　カオス——分解の不可能性

　自由度が高い系の運動でも，これを独立な単純運動の集合に分解して観察することができれば，秩序を見出すことができる．線形系の場合は，状態ベクトルを独立な〈モード〉（固有ベクトル）で分解するというのが基本方針であった（第 2.3.2 項参照）．つまり，生成作用素に関する〈固有値問題〉（比例法則の読み出し）が理論の核心である．

　非線形系に対する秩序の探求も，結局は〈分解〉の作業であるということができる．対称性を探して保存量をみつけるということ（第 2.5.2 項参照）は，状態変数を上手に腑分けして，変数を追い出すという意味であった．この手続きを美しく定式化した正準変換の理論において，ハミルトン-ヤコビ方程式を解くことは，「変数が分離できる」場合にうまくゆく．このことをみておこう．

　ハミルトニアンに含まれる変数が，それぞれ共役変数のペア (q_j, p_j) ごとに

括られた形(ブロック)で H に現れる場合を考える(H は t を含まない自律系とする). 形式的には H が次のように書ける場合である. まず一組の共役変数 q_1, p_1 のみを含む関数 $h_1(q_1, p_1)$ を考える. 次の共役変数 q_2, p_2 は $h_2(q_2, p_2; h_1)$ の形に書けるブロックに含まれるとする. 同様に第 j 番目の共役変数は $h_j(q_j, p_j; h_1, \cdots, h_{j-1})$ の形で括られるブロックを構成するとし, ν 組の共役変数を含むハミルトニアンが

$$(2.91) \qquad H = h_\nu(q_\nu, p_\nu; h_1, \cdots, h_{\nu-1})$$

と書けると仮定する. このようなハミルトニアンを〈変数分離型〉という.

H が(2.91)の形に与えられた場合, ハミルトン-ヤコビ方程式(2.88)の完全解は

$$(2.92) \qquad \Phi = \sum_{j=1}^{\nu} \Psi_j(q_j; \varepsilon_1, \cdots, \varepsilon_j) - E(\varepsilon_1, \cdots, \varepsilon_\nu) t$$

の形に与えることができる. ただし, Ψ_j は分解された定常ハミルトン-ヤコビ方程式

$$(2.93) \qquad h_j(q_j, d\Psi_j/dq_j; \varepsilon_1, \cdots, \varepsilon_{j-1}) = \varepsilon_j \quad (j = 1, \cdots, \nu)$$

によって決定される. (2.93)は, 各 j ごとに独立な常微分方程式であるから, それぞれ求積法によって積分できる. 完全解(2.92)は, 各変数 q_j (および t) ごとに分解されており, 2ν 個(および t と共役な1個)の保存量は ε_j, $\partial \Phi / \partial \varepsilon_j$ ($j=1, \cdots, \nu$) (および $E(\varepsilon_1, \cdots, \varepsilon_\nu)$ すなわち全エネルギー)で尽くされる.

変数が完全にブロック化されていなくても, $M(<\nu)$ 組のペアについてブロック化されていれば, (2.93)を $j=1, \cdots, M$ について解いて得られる Ψ_j を足し合わせた「不完全解」によって $2M$ 個の保存量を得ることができる.

簡単な例をみておく.

$$(2.94) \qquad H = \sum_{j=1}^{\nu} h_j(q_j, p_j) = \sum_{j=1}^{\nu} \frac{1}{2} \left(\omega_j^2 q_j^2 + p_j^2 \right)$$

としよう(ω_j は実定数). 正準運動方程式(2.80)を書き下すと, 定数行列を生成作用素とする運動方程式

$$\frac{d}{dt}\begin{pmatrix} q_1 \\ p_1 \\ \vdots \\ q_\nu \\ p_\nu \end{pmatrix} = \begin{pmatrix} 0 & 1 & & & \\ -\omega_1^2 & 0 & & 0 & \\ & & \ddots & & \\ & 0 & & 0 & 1 \\ & & & -\omega_\nu^2 & 0 \end{pmatrix} \begin{pmatrix} q_1 \\ p_1 \\ \vdots \\ q_\nu \\ p_\nu \end{pmatrix}$$

となる.生成作用素(右辺の行列)は対角線上のブロック行列のみが 0 でない行列であるから容易に対角化できる.すなわち固有値は $\pm i\omega_j$ ($j=1,\cdots,\nu$) であり,$x_{\pm j}=\omega_j q_j \pm p_j$ で基底を定義すればよい.こうして,運動は独立なモード(それぞれ角周波数 $\pm\omega_j$ で振動する調和振動)に分解される.これが,固有値問題という処方箋(2.3.2 項参照)で運動を分解するやり方だ.

同じ例で,今度はハミルトン-ヤコビ方程式を用いる方法ではどうなるのかをみよう.各 h_j が(2.94)により与えられる場合,(2.93)を書き下すと

$$\frac{d\Psi_j}{dq_j} = \sqrt{2\varepsilon_j - \omega_j^2 q_j^2} \quad (j=1,\cdots,\nu).$$

これを積分して

$$\Psi_j(q_j;\varepsilon_j) = \frac{q_j}{2}\sqrt{2\varepsilon_j - \omega_j^2 q_j^2} + \frac{\varepsilon_j}{\omega_j}\sin^{-1}(\omega_j q_j/\sqrt{2\varepsilon_j}) \quad (j=1,\cdots,\nu)$$

を得る.したがって 2ν 個の保存量

$$\begin{cases} \varepsilon_j, \\ s_j = \dfrac{\partial \Psi_j}{\partial \varepsilon_j} = \omega^{-1}\sin^{-1}(\omega_j q_j/\sqrt{2\varepsilon_j}) \end{cases} \quad (j=1,\cdots,\nu)$$

が得られ(これらは,各調和振動子のエネルギーと初期位相を表す;(2.54)参照),運動は分解されて積分された.

この例では,運動方程式が線形であるからハミルトン-ヤコビ方程式を用いる計算は,むしろ煩雑でしかなかったが,問題が非線形になると生成作用素は線形写像ではないから,固有値問題では歯が立たなくなる.ハミルトニアンが(2.94)のような独立な 2 次形式の線形結合ではなく,より一般のブロック $h_j(q_j,p_j;h_1,\cdots,h_{j-1})$ (たとえば非線形振り子のエネルギー $h_j=p_j^2/2-\omega_j^2\cos q_j$;(2.95)参照)が非線形結合した関数(たとえば ω_j が h_k ($k<j$) に依存

する)であっても，ブロックごとに還元されたハミルトン-ヤコビ方程式(2.93)は求積法で積分できるから，極めて強力な方法になるのだ．

しかし，変数分離型でない一般的なハミルトニアンの場合には，ハミルトン-ヤコビ方程式の完全解が求められる保証がない．ここに〈カオス〉が生起する可能性がある．

本章では〈カオス〉を，まず「規則性=関数性」の喪失(第2.2.3項)，周期の発散(第2.3.5項)という現象として論じはじめ，その力学的特徴を〈非可積分性〉として定義し(第2.4.2項)，非可積分となる数学的理由を〈分解不可能性〉として説明してきた．この，いささか込み入った議論をまとめると，力学理論における〈カオス〉とは，次のようにイメージ化される．

私たちは，天動説から地動説への転換が太陽系の秩序構造を発見することに成功したのに倣って，座標変換によって運動の表現を単純化しようとする．その究極の目標は，あらゆる軌道——初期条件の違いによってさまざまな曲線を描き，それらは絡み合った〈組み紐(braid)〉のようになるだろう——を真直ぐな直線群に還元し，積分可能(関数によって表現可能)とすることである．これは，運動の秩序が顕在化する空間表現(座標系)——事象をパラメタに写像するときの〈分解〉のしかた——を探すことだということもできる．最も素朴な空間表現は〈デカルト座標〉をおいたユークリッド幾何学であろう．しかし，その中では「非線形な運動」は，据わり心地が悪くて，複雑な表現をとる．座標系は，私たちが任意に選べるものであるから，むしろ現象に合わせて空間を表現するべきだろう．線形理論では，固有ベクトルを基底に選ぶことで，最適な空間表現が得られる．しかし，非線形になると，基底を線形変換するだけでは不十分であり，座標軸を非一様に曲げる(線形性を放棄する)必要がある．捩れた軌道に沿った座標軸を置けば，その空間表現の中で，軌道は直線化するだろう．これは〈保存量〉だけで座標系を構成するということであった．

〈カオス〉とは，以上の企ての不可能性である．直線群に引き伸ばすことができない無限に絡み合った(分解不可能な)曲線の束——これがカオスの幾何学的なイメージである．

ノート2.1（振り子の非線形計算）　たかが振り子の運動でも，非線形になると計算は一挙に難しくなる．どのくらい大変なのかを知ることも教訓になるから，計算手順をみておこう．(2.6)の両辺に $d\phi/dt$ を掛けて整理すると

$$\frac{d}{dt}\left[\frac{1}{2}\left(\frac{d\phi}{dt}\right)^2 - \omega^2 \cos\phi\right] = 0$$

を得る．t について積分すると

$$(2.95) \qquad \frac{1}{2}\left(\frac{d\phi}{dt}\right)^2 - \omega^2 \cos\phi = h \quad (\text{定数}).$$

これはエネルギーの保存を表す式である((2.11)参照)．最大振れ角を $\phi_0 (<\pi/2)$ とする．振り子が最大に振れたとき $(\phi=\phi_0) \, d\phi/dt=0$ となるから $h=-\omega^2\cos\phi_0$ が成り立つ．

さて，(2.95)を書き直すと

$$(2.96) \qquad \frac{d\phi}{dt} = \pm 2\omega \sqrt{\sin^2\frac{\phi_0}{2} - \sin^2\frac{\phi}{2}}.$$

ただし，振れ角 ϕ が増加する部分については，右辺の符号を正にとる約束である．以下，変数変換をしながら(2.96)をみやすい形に書き換えてゆく．まず，$k=\sin(\phi_0/2) \, (<1)$ とおき，$\sin(\phi/2)=k\sin\varphi$ と書く．$d\phi/d\varphi=2k\cos\varphi/\sqrt{1-k^2\sin^2\varphi}$ という関係を使って(2.96)を書き直すと

$$(2.97) \qquad \frac{d\varphi}{dt} = \pm\omega\sqrt{1-k^2\sin^2\varphi}.$$

次に，$x=\sin\varphi$ とおくと，$dx/dt=\cos\varphi \, d\varphi/dt=\sqrt{1-x^2}d\varphi/dt$ であるから，(2.97)は

$$(2.98) \qquad \frac{dx}{dt} = \pm\omega\sqrt{(1-x^2)(1-k^2x^2)}$$

に帰着する((2.12)参照)．これを t について積分すると

$$\pm\omega(t-t_0) = \int_0^x \frac{dx'}{\sqrt{(1-x'^2)(1-k^2x'^2)}}$$

と書ける．t_0 は積分定数である．この右辺の積分を第1種楕円積分と呼び $F(k,x)$ と書く．この逆関数がヤコビの楕円関数である．$\tau=\pm\omega(t-t_0)$ とおいて $x=\text{sn}\,(\tau,k)$ と書く．結局，振り子の運動の厳密解(非線形運動方程式の解)は

$$\phi(t) = 2\sin^{-1}\left[k\,\text{sn}\,(\pm\omega t+\delta, k)\right]$$

と与えられる． □

ノート 2.2(無限次元空間(関数空間)における線形理論)　無限次元線形空間(関数空間；ノート 1.1 参照)における線形運動方程式について，どの程度のことがわかっているかを簡単にまとめておこう．

ヒルベルト空間 X における 1 階微分方程式

$$(2.99) \qquad \frac{d}{dt}u = \mathcal{A}u$$

を考える(これを発展方程式という)．生成作用素 $\mathcal{A}$ は X 内で定義された線形作用素とする．たとえば，$\mathcal{A}=\Delta$(ラプラシアン)の場合が〈拡散方程式〉，$\mathcal{A}=-i\mathcal{H}$($\mathcal{H}$ はハミルトン作用素)の場合が〈シュレディンガー(Schrödinger)方程式〉である．$\mathcal{A}$ が微分 $\partial/\partial x$ を含む場合は，時間微分 d/dt を偏微分 $\partial/\partial t$ と書くのが習慣であるが，ここでは $\mathcal{A}$ を〈作用素〉として抽象的に考えているので，発展方程式を(2.99)のように書く．

発展方程式(2.99)の初期値問題($u(0)=u_0$ とする)を形式的に $u(t)=e^{t\mathcal{A}}u_0$ と解きたいわけであるが，問題は〈指数関数〉$e^{t\mathcal{A}}$ をどのようにして生成できるかということである．

生成作用素 $\mathcal{A}$ の〈固有値問題〉によってこれを要素還元できれば，$\mathcal{A}$ の指数関数(さらに $\mathcal{A}$ の任意の関数)をある程度具体的に構成することができる．ヒルベルト空間 X の中で定義された作用素 $\mathcal{A}$ について，固有値問題 $\mathcal{A}\varphi_j=a_j\varphi_j(j=1,2,\cdots)$ を解いて〈完全直交基底〉$\{\varphi_j; j=1,2,\cdots\}$ が得られたと仮定しよう．すなわち，任意の $u(\in X)$ を

$$(2.100) \qquad u = \sum_{j=1}^{\infty}(u,\varphi_j)\varphi_j$$

と展開できるとする．(u,v) は u と v の内積である．$u_j=(u,\varphi_j)$ と書くと，(2.99)は無限個の独立な常微分方程式

$$(2.101) \qquad \frac{d}{dt}\begin{pmatrix}u_1\\u_2\\\vdots\end{pmatrix} = \begin{pmatrix}a_1 & & 0\\ & a_2 & \\ 0 & & \ddots\end{pmatrix}\begin{pmatrix}u_1\\u_2\\\vdots\end{pmatrix}$$

と形式的に等価である．これを解いて定義される $\mathcal{A}$ の〈指数関数〉は

$$(2.102) \qquad e^{t\mathcal{A}}u = \sum_{j=1}^{\infty}e^{ta_j}(u,\varphi_j)\varphi_j$$

と表現できる．右辺の収束性は，固有値 a_j の分布(有界とは限らない)と t の符号によって注意深く考察しなくてはならない．行列の場合は，正規行列であれば必ず完全直交基底が得られることがわかっているが，無限次元のヒルベルト空間では，そう簡単にはいかない．

一般的な理論があるのは $\mathcal{A}$ が〈自己共役作用素(self-adjoint operator)〉である場合のみである．すなわち，$(\mathcal{A}u,v)=(u,\mathcal{A}^*v)$ とおいて定義される共役作用素

$\mathcal{A}^*$ が, $\mathcal{A}$ と同じ定義域をもち $\mathcal{A}=\mathcal{A}^*$ である場合である. ただし, 自己共役作用素を分解しようとすると, 一般的には固有値だけではたりなくて,〈連続スペクトル(continuous spectrum)〉も加えなくてはならない. すなわち, (2.100)のように〈和〉で展開するのは一般的には無理だが,

$$(2.103) \qquad u = \int (u, \phi_\mu) \phi_\mu \, dm(\mu)$$

のような積分によって分解できる. ϕ_μ は $\mathcal{A}$ の〈一般化された固有関数〉であり, これを用いて $\mathcal{A}$ の〈スペクトル分解〉が

$$(2.104) \qquad \mathcal{A}u = \int \mu (u, \phi_\mu) \phi_\mu \, dm(\mu)$$

と書かれる. また, $\mathcal{A}$ の指数関数は(2.102)を一般化した

$$(2.105) \qquad e^{t\mathcal{A}} u = \int e^{t\mu} (u, \phi_\mu) \phi_\mu \, dm(\mu)$$

により与えられる. これを〈フォン・ノイマン(von Neumann)の定理〉という. $dm(\mu)$ はリーマン-スティルチェス(Riemann-Stieltjes)積分である. 離散的な固有値(点スペクトルという)a_j に対しては, $m(\mu)$ にステップを付けて $dm(\mu) = \delta(\mu - a_j) d\mu$ とすることで(2.100)を包摂する. すなわち, $\mu = a_j$ に対して $\phi_\mu = \phi_j$ (固有値 a_j に属する固有関数)である. $m(\mu)$ が連続に変化する μ の領域が連続スペクトルである. 連続スペクトルに属する ϕ_μ は「特異な固有関数」であり, 厳密な意味での固有関数ではない(その意味で, スペクトル分解は〈一般化された固有関数〉によって与えられるといったのである).「特異」であるとは, ϕ_μ がヒルベルト空間 X の元ではない, という意味である. したがって, (2.103)-(2.105)に含まれる内積 (u, ϕ_μ) も通常の意味の内積としては定義できないことを注意しておく. ここでは厳密な定義を与えるよりも具体的な例を示して, 基本的な意味を説明しておこう.

$u(x)\,(\in L^2(0,1))$ に対して座標 x をかける作用素 $i\mathcal{A} = \mathcal{X} u = xu(x)$ を考えよう. これは量子力学における〈位置作用素〉である. 固有値問題 $\mathcal{X} \phi_\mu = \mu \phi_\mu$ を形式的に解くと, 任意の $\mu \in [0, 1]$ に対して $\phi_\mu = \delta(x - \mu)$ を得る. $\delta(\cdot)$ はディラック(Dirac)の δ 関数であるが, これは今考えているヒルベルト空間 $L^2(0,1)$ の元ではない. したがって, 厳密には固有関数とはいえない. このことが, 連続スペクトルと点スペクトルを区別する重要な特徴である.

$$(u(x), \delta(x-\mu)) = \int u(x) \delta(x-\mu) \, dx = u(\mu)$$

と書くことを認めると, $u(x)$ の形式的な固有関数展開(2.103)は($m(\mu) = \mu$ とおき)

$$u(x) = \int (u, \delta(x-\mu)) \delta(x-\mu) \, d\mu = \int u(\mu) \delta(x-\mu) \, d\mu$$

を意味する. 作用素 $\mathcal{X}$ の指数関数は(2.105)より

$$e^{-it\chi}u = \int e^{-it\mu}u(\mu)\delta(x-\mu)\,d\mu = e^{-itx}u(x).$$

　線形系の理論において，保存則をみつけて運動の秩序を理解するということは，生成作用素に関する固有値問題を解いて自由度を分解することに他ならない．有限次元の線形系では，自由度の数だけ線形独立な(広義)固有ベクトルをみつけることができる．このことによって，有限次元線形系は常に「秩序」の領域にあるといえる(第2.3.2および2.3.3項参照)．無限次元でも，それぞれの自由度が〈分解〉できれば，運動は単純化する．分解とは〈スペクトル分解〉のことである．これが〈固有値問題〉を解くことで成されるならば，すなわち(2.100)のように分解できれば，問題は比較的簡単である．運動方程式は(2.101)のように，それぞれ独立な方程式に分解されるからである．しかし，連続スペクトルが現れる場合(特異な固有関数を考える必要がある場合)や，さらに自己共役作用素でない場合などでは，線形系でも運動の秩序を理解することは難しくなる．無限次元空間における「カオス」については，ノート3.2で議論する． □

　ノート 2.3(偏微分方程式と特性常微分方程式)　偏微分方程式を常微分方程式に帰着して解くというアイデアは〈1階双曲型〉と呼ばれる偏微分方程式を研究するための最も基本的な方法である(偏微分方程式の理論と力学との関連については巻末の参考書を参照)．物理的な直観でいうと，粒子集団の運動(波の伝播としてみえる)を個々の粒子の運動に分解して考えるという意味である．時空間における粒子の軌道を〈特性曲線(characteristics)〉と呼び，これを支配する粒子運動方程を〈特性常微分方程式〉と呼ぶ．すなわち，偏微分方程式(2.63)に対する特性常微分方程式が(2.58)である．

　(2.63)は1階の同次線形偏微分方程式である．すなわち，未知変数(従属変数)が1階偏微分係数としてのみ現れ，これらの同次線形和からなる方程式である．これを一般化して，非線形の1階偏微分方程式を考えよう．この場合も，特性常微分方程式の概念が使え，偏微分方程式を常微分方程式に帰着できる．しかし，それはもう少し複雑なものになる．

　従属変数 u の微分係数を $\partial u/\partial x_j = p_j\,(j=1,\cdots,n)$ と書く．十分滑らかな任意の関数 G によって

(2.106) $$\frac{\partial}{\partial t}u + G(t, x_1, \cdots, x_n, u, p_1, \cdots, p_n) = 0$$

と書ける偏微分方程式を考える(G が u を含まず，すべての p_j について線形であるときが線形方程式(2.63)である)．ある軌道 $\boldsymbol{x}(t)$ に沿って，これを積分することを考える．軌道に沿った $u(\boldsymbol{x}(t), t)$ の変動を計算すると

(2.107) $$\frac{d}{dt}u = \frac{\partial u}{\partial t} + \sum_{j=1}^{n}\frac{dx_j}{dt}\frac{\partial u}{\partial x_j}.$$

問題は，どのような軌道 $\boldsymbol{x}(t)$ をとればよいかということである．線形の場合(す

なわち $G = \boldsymbol{V} \cdot \boldsymbol{p}$) には粒子運動方程式 (2.58) によって定義される軌道をとるとうまくいったので，これを一般化する方針で

$$\text{(2.108)} \qquad \frac{d}{dt} x_j = \frac{\partial G}{\partial p_j} \quad (j = 1, \cdots, n)$$

としよう．非線形の場合，この右辺は未知変数 u と p_j を含む．これらを同時に決めなくては $\boldsymbol{x}(t)$ が決定できない．まず，u を支配する方程式を書き下そう．(2.107) に (2.106) と (2.108) を用いて

$$\text{(2.109)} \qquad \frac{d}{dt} u = -G + \sum_{j=1}^{n} \frac{\partial G}{\partial p_j} p_j$$

を得る．p_j を決める式は次のように求められる．(2.106) を x_j について微分して

$$\text{(2.110)} \qquad \frac{\partial}{\partial t} p_j + \frac{\partial}{\partial x_j} G + \frac{\partial u}{\partial x_j} \frac{\partial G}{\partial u} + \sum_{\ell=1}^{n} \frac{\partial p_\ell}{\partial x_j} \frac{\partial G}{\partial p_\ell} = 0.$$

ここで (2.108)，(2.107) および $\partial p_\ell / \partial x_j = \partial p_j / \partial x_\ell$ (p_j の定義より明らか) を使うと (2.110) は

$$\text{(2.111)} \qquad \frac{d}{dt} p_j = -\frac{\partial G}{\partial x_j} - \frac{\partial G}{\partial u} p_j \quad (j = 1, \cdots, n)$$

と書ける．以上 (2.108)，(2.109)，(2.111) からなる連立常微分方程式が非線形偏微分方程式 (2.106) に対する特性常微分方程式である．(2.106) が同次線形である場合には，(2.108) は他から独立して (2.58) になる．

非線形方程式 (2.106) において G が u を陽に含まない場合[*29]，すなわち

$$\text{(2.112)} \qquad \frac{\partial}{\partial t} u + H(x_1, \cdots, x_n, p_1, \cdots, p_n, t) = 0$$

を〈ハミルトン-ヤコビ (Hamilton-Jacobi) 方程式〉という (第 2.5.3 項参照)．この場合，(2.108) と (2.111) は

$$\text{(2.113)} \qquad \frac{d}{dt} x_j = \frac{\partial H}{\partial p_j} \quad (j = 1, \cdots, n),$$

$$\text{(2.114)} \qquad \frac{d}{dt} p_j = -\frac{\partial H}{\partial x_j} \quad (j = 1, \cdots, n)$$

となり，(2.109) と分離して閉じた方程式系となる．連立常微分方程式 (2.113)，(2.114) を〈ハミルトンの正準運動方程式〉という．

[*29] G が u を含んだとしても，$u = x_{n+1}$ とおいて独立変数とし，$\Phi(t, x_1, \cdots, x_{n+1})$ に関する方程式を立てると，G が従属変数 u を含まない場合に帰着できる．これを解いて，$\Phi(t, x_1, \cdots, x_{n+1}) = c$ (定数) という関係式から陰関数として u を求めるという手続きをとればよい．

第 2.5 節では，別の考察から (2.112) とその特性常微分方程式 (2.113)，(2.114) を導く． □

ノート 2.4 (正準系の構造)　作用 S に係わる変分原理 $\delta S=0$ は，正準運動方程式 (2.80) を導くのであるが (第 2.5.2 項参照)，これは素朴な運動方程式 (2.58) の中で特別なクラスを成している．まず，状態変数のベクトル $\boldsymbol{x}$ が $\boldsymbol{q}$ と $\boldsymbol{p}$ のペア (正準共役変数という) で構成されることが特徴である．さらに，流れ場 $\boldsymbol{V}$ がハミルトニアンの「反対称」な勾配微分で与えられる．これらのことから，正準運動方程式における流れ場 $\boldsymbol{V}$ ((2.80) の右辺) は状態空間において「非圧縮」である．つまり，(2.80) の右辺を $\boldsymbol{V}$ と書き (これをハミルトン流という)，状態空間の座標 (正準共役変数) $\boldsymbol{\xi}={}^t(q_1,\cdots,q_\nu,p_1,\cdots,p_\nu)$ に関する発散 (divergence) を計算すると

$$\nabla\cdot\boldsymbol{V}=\sum_{j=1}^{\nu}\left(\frac{\partial^2 H}{\partial q_j\partial p_j}-\frac{\partial^2 H}{\partial p_j\partial q_j}\right)=0.$$

ハミルトン流が非圧縮であることを〈リューヴィル (Liouville) の定理〉という．

粒子運動方程式が正準運動方程式 (2.80) の形に書けるということを使うと，集団運動方程式 (2.63) は次のように書くことができる；

(2.115) $$\frac{\partial}{\partial t}u+\{H,u\}=0.$$

ただし

(2.116) $$\{a,b\}=\sum_j\left(\frac{\partial a}{\partial p_j}\frac{\partial b}{\partial q_j}-\frac{\partial a}{\partial q_j}\frac{\partial b}{\partial p_j}\right)$$

と定義した．これを〈ポアソン (Poisson) の括弧〉という．(2.115) の形式に書かれた集団運動方程式を〈リューヴィル (Liouville) 方程式〉と呼ぶ．これを解くと保存量が得られる．明らかに $\{H,H\}=0$ である．したがって，H が t を含まない場合，H は保存量である．このとき，明らかに $f(H)$ (f は任意の連続微分可能関数) も保存量である．H と独立な (すなわち $f(H)$ のように書けない) 関数 φ が H と〈交換する〉とは $\{H,\varphi\}=0$ となることをいう．φ が t を含まないならば，φ は保存量である．すなわち，保存量を探すということは，H と交換する関数 (t を含まない) をみつけることに他ならない．

ポアソンの括弧 (2.116) は，作用 S の定義 (2.75) において，粒子の運動に関するニュートン力学に妥当する関係 (2.76) を用いて計算した (2.79) によって誘導されたものである．粒子の運動に限らないで，一般的な運動 (剛体の運動や，さらに抽象的な力学系) を考えるためには (2.76) を一般化する必要がある．ここでは，変分原理が導く一般的な運動方程式の構造的特徴をみておこう．

一般的な $a_j(\boldsymbol{\xi})$ によって作用を定義する．すなわち，

$$dS = -H(\boldsymbol{\xi}, t)dt + \sum a^j(\boldsymbol{\xi})d\xi_j.$$

変分原理からハミルトンの運動方程式(2.78)が導かれるところまでは一般的である[*30]．特別に簡単な関係(2.76)を仮定しない場合，$\mathcal{F}$ は $\boldsymbol{\xi}$ に依存する非線形作用素となる．ただし，(2.77)により，反対称性

(2.117) $\quad (\mathcal{F}\boldsymbol{u}, \boldsymbol{v}) = \sum_k \left(\sum_j f^{kj} u_j, v_k\right) = -\sum_j \left(u_j, \sum_k f^{jk} v_k\right) = -(\boldsymbol{u}, \mathcal{F}\boldsymbol{v})$

をもつ．ここで内積の記号

$$(\boldsymbol{u}, \boldsymbol{v}) = \sum_j (u_j, v_j) = \sum_j \int u_j(\boldsymbol{\xi})\overline{v_j(\boldsymbol{\xi})}\, d\xi$$

を用いた（ノート1.1参照）．$\mathcal{F}$ が一意的な逆写像 $\mathcal{F}^{-1} = \mathcal{A}$（その成分を f_{kj} と書く）をもつと仮定すると[*31]，正準運動方程式

(2.118) $\quad \dfrac{d}{dt}\xi_k = \sum_j f_{kj} \dfrac{\partial H}{\partial \xi_j} \iff \dfrac{d}{dt}\boldsymbol{\xi} = \mathcal{A}\partial_{\boldsymbol{\xi}} H$

が導かれる．ポアッソンの括弧を

(2.119) $\quad \{u(\boldsymbol{\xi}), v(\boldsymbol{\xi})\} = (\mathcal{A}\partial_{\boldsymbol{\xi}} u)\cdot(\partial_{\boldsymbol{\xi}} v) = \sum_{k,j} f_{kj} \dfrac{\partial u(\boldsymbol{\xi})}{\partial \xi_j} \dfrac{\partial v(\boldsymbol{\xi})}{\partial \xi_k}$

と定義すると（すなわち，$\{\xi_j, \xi_k\} = f_{kj}$），リューヴィル方程式(2.115)が導かれる．ポアッソンの括弧(2.119)において(2.79)としたものが(2.116)である．

ここで，一般的な構造として重要なのは $\mathcal{F}^{-1} = \mathcal{A}$ の反対称性 $(\mathcal{A}\boldsymbol{u}, \boldsymbol{v}) = -(\boldsymbol{u}, \mathcal{A}\boldsymbol{v})$ である．これは，(2.117)を用いて，次のように証明できる．$\boldsymbol{U} = \mathcal{F}^{-1}\boldsymbol{u}$，$\boldsymbol{V} = \mathcal{F}^{-1}\boldsymbol{v}$ と書くと，

$$(\mathcal{F}^{-1}\boldsymbol{u}, \boldsymbol{v}) = (\boldsymbol{U}, \mathcal{F}\boldsymbol{V}) = -(\mathcal{F}\boldsymbol{U}, \boldsymbol{V}) = -(\boldsymbol{u}, \mathcal{F}^{-1}\boldsymbol{v}).$$

$\mathcal{A}$ が反対称であることにより，正準運動方程式(2.118)は，〈エネルギー〉H の〈勾配〉$\partial_{\boldsymbol{\xi}} H$ を「90度回転させた方向」$\mathcal{A}\partial_{\boldsymbol{\xi}} H$ へ運動が起こることを意味する[*32]．このために，エネルギーは保存する（H が t を含まない場合）．実際，一般化されたポアッソンの括弧(2.119)に対して，常に $\{H, H\} = 0$ である．

正準運動方程式と対置されるのは〈散逸系〉の運動方程式である．その最も単純

[*30] $\sum a^j d\xi_j$ を正準1次形式，$f^{kj} d\xi_k \wedge d\xi_j$ をシンプレクティック2次形式という．

[*31] 一般的には，一意的な逆写像が定まるとは限らない．$\mathcal{F}^{-1} = \mathcal{A}$ が核をもつようにしか定義できない場合（すなわち，ある $\boldsymbol{\eta} \neq 0$ に対して $\mathcal{A}\boldsymbol{\eta} = 0$ となる場合），(2.118)は〈非正準〉であるという．このような〈特異点〉は，力学系のトポロジカルな欠陥（topological defect）を意味し，研究対象として興味深い．

[*32] 反対称作用素がベクトルを「90度回転させる」というのは，反対称性によって $(\mathcal{A}\boldsymbol{u}, \boldsymbol{u}) = 0$ $(\forall \boldsymbol{u})$ だからである．(2.79)の場合は90度回転のユニタリ変換であったが，一般的にはユニタリ変換でも線形写像でもない．

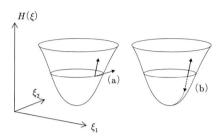

図 2.14 (a)正準系の運動：エネルギー H の勾配 $\partial_{\boldsymbol{\xi}} H$ に対して垂直な方向へ運動する．したがって，軌道は H のレベルセット(等高線)に含まれる．(b)散逸系の運動：エネルギー H の勾配 $\partial_{\boldsymbol{\xi}} H$ と反対向きに運動し，H を最速で減少させる軌道を描く．

なものはエネルギーを最速で減少させる方向へ運動が起こる系であり，運動方程式は

$$(2.120) \qquad \frac{d}{dt}\boldsymbol{\xi} = -\partial_{\boldsymbol{\xi}} H$$

と書かれる．この場合，エネルギー H の変化は (H は t を含まないとしよう)

$$(2.121) \qquad \frac{d}{dt}H(\boldsymbol{\xi}) = \left(\frac{d\boldsymbol{\xi}}{dt}, \partial_{\boldsymbol{\xi}} H\right) = -\|\partial_{\boldsymbol{\xi}} H\|^2$$

となり，H の極小点へ向かって運動が起こることがわかる．

正準系と散逸系の運動のイメージを図 2.14 に示しておく．

3 複雑系に向きあう科学

　カオス(chaos)すなわち混沌とは，普遍的秩序に属さない無限の可変性，予測困難な非定常性を意味する．第2章では，〈可積分〉に対立する概念としてカオスを定義した．力学の世界観においては，秩序とは対称性であり，それから導かれる保存量である．可積分，すなわち自由度の数だけ保存量を知ることができる場合は，運動を「静止」に翻訳することが可能である．そうでない場合(すなわち非可積分)をカオスに等置したのだった．しかし私たちは，もっと現象論的な視点でカオスをとらえる必要があるだろう．多数の要素(粒子)が相互作用するマクロ系では，その膨大な自由度ゆえに非可積分性はむしろ自明であって，混沌ということの現象的な特徴を指示する概念にならない．本章では，カオスを特徴づける軸として「予測困難」ということに注目し，マクロな視座から複雑系について考察する．

3.1 予測困難な現象

3.1.1 現象としてのカオス

　混沌(カオス)は秩序・構造の母胎である——これは神話の世界ではありふれたテーマだ．たとえば，古代エジプトの神話では，太陽神ラーは混沌の水(ナイルを象徴する女神ヌン)から生まれ出たという．神統記(ヘシオドス)の世界も古事記の世界も，混沌から時間・空間・物質が相転移して生まれるように，神々の誕生を記述する．

　一方で，物理学は，エントロピーの概念を用いて，物質状態の終焉に混沌(ランダム)を位置づけ，これを「熱的死」と呼ぶ．誕生と死，この両端に分極

される混沌の二つの顔は何を意味するのだろうか？

　前章で，カオスについて，ひとつの数学的な定義を試みた．一見複雑な現象に対しても，巧みな変数変換をおこなうことによって，複雑系の中に潜む秩序を見出すことができるかもしれない——この可能性を探る試みが，力学の理論である．運動方程式(あるいは，その根本的な設計図であるハミルトニアン)がもつ構造を分析することで先験的(a priori)な秩序(すなわち保存量)を知ろうという立場である．この理論体系においては，分解された自由度への還元不可能性(保存量の完全なセットが得られないこと)がカオスを意味する．

　しかし本来の意味において，カオスは経験や観測を通じて認識される現象の特徴である．力学の秩序は法則の中に棲む概念であるのに対し，カオスの認識は経験領域に属する．このギャップのために，力学のカオス観は不完全といわざるを得ない．運動方程式(あるいはハミルトニアン)を知らない(あるいは具体的に書き下すことが困難な)現象に対しては，私たちは秩序を定義することができない．ゆえに秩序に対置してカオスを定義するという立場もとれないからだ．

　事象の観測という経験領域の中で，現象としてのカオスを認識するにはどうすればよいだろうか？　現象論的カオスは，法則においてとらえたカオス(非可積分性)とどのような関係にあるのか？

　まず，カオスの現象的な特徴を「数量的」に表現し客観化する方法を考える必要がある．非可積分と等置されたカオスの概念は，運動法則の構造を分類する「定性的」な理論であった．ここで目指すのは，現象の見え方の特徴を定量化する理論である．定量化の方法は一義的には決められないだろう．また，見え方に対する評価であるから，見方を変えると変化する．その意味でもカオスの普遍的な定義を与えるのは難しい．「定義」という公理主義の道をとるのではなく，現象の特徴を客観視する経験主義の立場で複雑性を理解しようとするのである．カオスという概念についての両者の違いは，後に述べるいくつかの例で明らかになろう．

3.1.2　安定性

　予測の難しさということが，カオスの第一義的な特徴である．もし私たちが

運動の秩序を知っているならば,未来を予測することができる.逆に予測が「困難」ということは,運動の秩序が理解しにくいということであり,これをカオスと呼ぶことにしてよいだろう.ただし,ここでいう「困難」という意味を公理的に定義することは難しい[*1].むしろ,具体的な観測について予測の難しさを「定量化」することに実際的な意味がある.

ここで予測とは,初期条件を与えたときに未来の状態を決定するということである.しかし現実的には,初期条件を厳密な精度で規定することは不可能である.実際に与えうる初期条件は有限な誤差を含む.この不確定性が未来において大きく増幅されるならば,未来の状態を予測することは「精度の問題」として困難になる.予測精度に注目することで,予測の難しさを数量的に表現することを試みよう.ただし後でみるように,精度上の困難は直ちに「無秩序」を意味するものではないのだが.

初期状態の差異が時間的に増幅することを定量的に表す量として〈リヤプノフ(Lyapunov)指数〉がある.これは運動の〈安定性〉と関連する概念である.

あるひとつの初期状態 $\hat{x}$ から出発した運動を $x(t)$ と書こう.$\hat{x}$ の近傍にある別の初期状態 $\hat{x}'$ から始まる運動 $x'(t)$ を考えるとき,初期状態の差 $|\hat{x}' - \hat{x}|$ が時間 t とともに増幅されることがないとき,運動 $x(t)$ は安定であるという.もっと形式的に述べると,$x(t)$ が安定であるとは,任意の $\varepsilon(>0)$ に対して $\delta(>0)$ が定まって,$|\hat{x}'-\hat{x}|<\delta$ であるすべての運動 $x'(t)$ について $|x'(t)-x(t)|<\varepsilon$ が $0\leq t<\infty$ で成り立つことをいう[*2].

逆に不安定である場合には,初期状態の違いが時間と共に増大し,$t\to\infty$ の極限で(場合によっては,有限な時間で)発散する.リアプノフ指数は,この差が増大する〈時定数〉を表す指数である.

ひとつの軌道を $x(\hat{x};t)$ と表す.$\hat{x}$ はこの軌道の初期条件,t は時刻を表す.初期条件を δ だけずらして $\hat{x}+\delta$ から出発した場合の軌道を $x(\hat{x}+\delta;t)$ と書

[*1] 不可能ということなら明示的に定義できる.運動方程式が「解けない」という意味だ.このときは〈決定論〉を放棄し,確率過程として運動を記述する道へ方向転換しなくてはならない(第 3.2 項参照).しかし,カオスは決定論の世界にも存在する.
[*2] 詳しくは,この条件を〈リアプノフ安定〉という.これより緩い安定条件として,各時刻の状態を比較せず,単に異なる初期条件から出発する軌道の曲線どうしが ε 近傍にあるという場合を〈軌道安定(orbitally stable)〉という.

く．このとき

$$(3.1) \quad \lambda(\hat{\boldsymbol{x}}) = \sup_{\boldsymbol{\delta}} \left[\limsup_{\substack{t \to \infty \\ |\boldsymbol{\delta}| \to 0}} \frac{1}{t} \log \frac{|\boldsymbol{x}(\hat{\boldsymbol{x}}+\boldsymbol{\delta};t)-\boldsymbol{x}(\hat{\boldsymbol{x}};t)|}{|\boldsymbol{\delta}|} \right]$$

と定義し，これを最大リアプノフ指数と呼ぶ．

運動方程式が知られている場合について，最大リアプノフ指数が何を意味するのかをみておこう．まず最も簡単な1次元線形自律系を例にとる．線形運動方程式

$$(3.2) \quad \frac{d}{dt}x = ax \quad (a \in \mathbb{R}), \quad x(0) = \hat{x}$$

を積分して $x(\hat{x};t)=e^{at}\hat{x}$ を得る．この場合，

$$|x(\hat{x}+\delta;t)-x(\hat{x};t)| = e^{at}|\delta|$$

であるから，定義(3.1)より $\lambda(\hat{x})=a$ を得る．$a>0$ である場合，軌道は不安定であり，初期値の誤差は時定数 a をもって指数関数的に増大する．リアプノフ指数とは，不安定性が成長する時定数に他ならないことがわかる[*3]．

運動方程式(3.2)をもう少し一般化して，n 次元線形自律系

$$(3.3) \quad \frac{d}{dt}\boldsymbol{x} = A\boldsymbol{x}, \quad \boldsymbol{x}(0) = \hat{\boldsymbol{x}}$$

を考えよう（A は定数行列）．第2.3.2項でみたように，(3.3)は指数関数 e^{tA} を生成することによって $\boldsymbol{x}(t)=e^{tA}\hat{\boldsymbol{x}}$ と解くことができる．この解の振る舞いは A の固有値によって決められるのであった．定義(3.1)より，最大リアプノフ指数は，固有値の実部の最大値に他ならないことがわかる．もちろん，A が正規行列でないときには，固有値の縮退が起こる可能性があり，その場合 $e^{tA}\hat{\boldsymbol{x}}$ によって表される運動の中には $t^p e^{t\lambda}$（λ は縮退した固有値，p は縮退度より小さい整数）の形の項が含まれる（第2.3.3項参照）．この場合でも，リアプノフ指数は固有値の実部の最大値を与える．このことを検証されたい．

[*3] リアプノフ指数は，指数関数的な運動の時定数に相当するものであるから，指数関数で表されるより緩やかな不安定性や，逆に激しい不安定性に対してはうまく機能しない．たとえば，$x(t)=t^n\hat{x}$（n は自然数）と書ける〈代数的不安定性〉に対しては $\lambda(\hat{x})=0$ となる．あるいは $x(t)=e^{a t^2}\hat{x}$ に対しては $\lambda(\hat{x})=\infty$ となる．

3.1 予測困難な現象

　一般の力学系においては，異なる軌道間の距離は，状態空間の位置や時刻によって複雑に変動する．n 次元の滑らかな実ベクトル場 $\boldsymbol{V}(\boldsymbol{x},t)$ によって支配される力学系

$$(3.4) \qquad \frac{d}{dt}\boldsymbol{x} = \boldsymbol{V}(\boldsymbol{x},t), \quad \boldsymbol{x}(0) = \hat{\boldsymbol{x}}$$

によって生成される軌道 $\boldsymbol{x}(\hat{\boldsymbol{x}};t)$ を考えてみよう．ひとつの軌道の十分近傍にある軌道群の挙動は，その近傍で流れの場 $\boldsymbol{V}$ を線形化した線形近似運動方程式で記述できる．

$$(3.5) \qquad \mathcal{A}(\hat{\boldsymbol{x}};t) = \left.\frac{\partial(V_1,\cdots,V_n)}{\partial(x_1,\cdots,x_n)}\right|_{t,\,\boldsymbol{x}=\boldsymbol{x}(\hat{\boldsymbol{x}};t)}$$

と書こう．これは，一般に変数係数の行列である．$\mathcal{A}$ を生成作用素とする線形運動方程式

$$(3.6) \qquad \frac{d}{dt}\boldsymbol{x}_\delta = \mathcal{A}(\hat{\boldsymbol{x}};t)\boldsymbol{x}_\delta, \quad \boldsymbol{x}_\delta(0) = \boldsymbol{\delta}$$

を解くことによって，注目している軌道 $\boldsymbol{x}(\hat{\boldsymbol{x}};t)$ の近傍の軌道群の振る舞いがわかる．(3.6)の解 $\boldsymbol{x}_\delta(t)$ を用いれば，最大リアプノフ指数(3.1)は

$$(3.7) \qquad \lambda(\hat{\boldsymbol{x}}) = \sup_{\boldsymbol{\delta}} \left[\limsup_{t\to\infty} \frac{1}{t}\log\frac{|\boldsymbol{x}_\delta(t)|}{|\boldsymbol{\delta}|}\right]$$

と与えられる．これが正であるとき，$\hat{\boldsymbol{x}}$ の近傍から出発する軌道群は不安定である．

　最大リアプノフ指数は，近接する初期条件から出発した軌道どうしが離れてゆく時定数を意味するのだが，これは必ずしも軌道どうしが無制限に離れるということをいっているのではない．逆に，初期値に許される差がどんどん小さくなると考える方が一般的に正しい解釈である(図3.1)．つまり，時刻 t において状態 $\boldsymbol{x}(t)$ の ε 近傍にある状態群は，時刻 0 においては初期状態 $\boldsymbol{x}(0){=}\hat{\boldsymbol{x}}$ の $e^{-\lambda t}\varepsilon$ 近傍になくてはならないという意味である．予測の精度という言い方をするならば，初期状態 $\hat{\boldsymbol{x}}$ から出発した運動が時刻 t において状態 $\boldsymbol{x}_t$ であるという予測が，ある精度 ε をもつ(真の状態 $\boldsymbol{x}(t)$ が $|\boldsymbol{x}(t)-\boldsymbol{x}_t|\leqq\varepsilon$ をみたす)ためには，初期状態は $e^{-\lambda t}\varepsilon$ の精度をもつ必要がある($|\boldsymbol{x}-\hat{\boldsymbol{x}}|\leqq e^{-\lambda t}\varepsilon$ をみたす領域内に初期値がなくてはならない)．

3 複雑系に向きあう科学

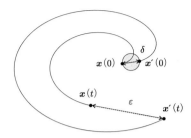

図 3.1 正のリアプノフ指数の意味．時間 t が経過した状態を予測しようとするとき，一定の精度(ε)を保証するために初期条件に許される精度(δ)は t の増加とともに指数関数的に厳しくなる ($\delta = e^{-\lambda t}\varepsilon$)．

線形化した生成作用素 $\mathcal{A}$ の局所的な値は，状態空間のある位置とある時刻における安定性を与える．これに対して，リアプノフ指数は，実際に起こる運動について，その履歴に基づいて計測した「時間平均された」安定性の指数を与えるものである．仮に，状態空間のある領域が極めて不安定であっても，実際の運動がその領域にほとんど近接しないならば，現実に起こる運動において，その領域は「重み」をもたないことになる．逆に，状態空間の中で，ほとんどの軌道が長時間滞在する領域があるならば，その特定領域が，運動の長時間的な特性を支配することになるだろう．このように，軌道を引きつける性質をもつ領域(状態空間の部分集合)を〈アトラクター(attractor)〉という．次項で詳しく述べよう．

3.1.3 アトラクター

状態空間に含まれる部分集合 Ω_0 の中に初期状態 $\hat{x}$ をとり，一定の時間 t が経過したときの状態 $\boldsymbol{x}(\hat{x}; t)$ を観測したとしよう．任意の $\hat{x} \in \Omega_0$ に対して $\boldsymbol{x}(\hat{x}; t)\, (\forall t \geq T > 0)$ すべてを含む集合を Ω_T と書く．$\Omega_T \subset \Omega_0$ と取れるならば，状態の集合は時間とともに縮小したことになる(図 3.2)．〈アトラクター〉とは，このような Ω_T の $T \to \infty$ の極限で最小のもの(それ以上は縮まない集合)である[*4]．

アトラクターが小さな集合であればあるほど，時間とともに運動の自由度が縮減される．アトラクターの「次元」は，運動の長時間的な性質を支配する

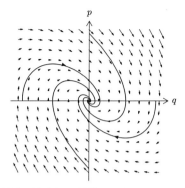

図 3.2 軌道が吸い込まれる領域，アトラクター．調和振動に摩擦力が働いて減衰する単純な運動の場合，アトラクターは静止平衡を表す原点の 1 点である．複雑な非線形系では，アトラクターも複雑な集合となる（図 1.6 は気流のモデルに対する複雑なアトラクターである）．

「実効的な自由度」を意味する．アトラクターの次元が状態空間の次元より小さくなるとき，縮減された自由度は時間とともに「散逸」されて，系の長時間的な振る舞いに関係しない．

力学法則がハミルトンの正準運動方程式によって与えられている場合は，初期状態の情報はすべて保存され，散逸は起きない（リューヴィルの定理（ノート 2.4 参照）により，状態空間の流れは非圧縮である）．したがって，状態の集合は，形を変えたとしても，その体積は一定であり縮小することはない．これに対して，状態の集合が縮小する系を〈散逸系(dissipative system)〉と呼ぶ．

散逸系の簡単な例をみておこう．ハミルトニアン $H=(q^2+p^2)/2$ によって与えられる運動（調和振動子）に「摩擦力」を加えた

$$(3.8) \quad \frac{d}{dt}\begin{pmatrix} q \\ p \end{pmatrix} = \begin{pmatrix} p \\ -q \end{pmatrix} - c \begin{pmatrix} 0 \\ p \end{pmatrix}$$

---

*4 ただし，アトラクターの厳密な定義には，研究者によってバラエティーがある．ノート 3.1 に，最小限の定義を述べておく．

を考える(c は摩擦係数を表す正の定数)．両辺と $^t(q,p)$ の内積をとると

$$(3.9) \qquad \frac{d}{dt}\frac{q^2+p^2}{2} = -cp^2$$

を得る．右辺は $p^2>0$ である限り(運動している限り)負である．$(q^2+p^2)^{1/2}$ は状態ベクトルの長さ(原点からのユークリッド距離)を表す．これが，どの初期値から出発する軌道についても単調に減少することを(3.9)は示している．したがって，状態集合は原点 $^t(q,p)={}^t(0,0)$ へ引き込まれるように収縮する．原点がアトラクターなのである(図3.2参照)．

　一般的に非線形散逸系において，アトラクターは複雑な図形となり(図1.6参照)，その「次元」の定義は簡単でなくなる．通常の図形(多様体)は，整数の次元をもつ．しかし，アトラクターの次元は整数になるとは限らない．アトラクターは，状態空間の中で起こる複雑な運動の長時間挙動(時間の無限大の極限)によって定義されるものであるから，これを図形と思おうとしたとき，次元の定義を整数から実数にまで拡張しなくてはならなくなる．整数でない次元をもつ奇妙な図形を〈フラクタル(fractal)〉と呼び(第4.2.3項参照)，フラクタルであるアトラクターを〈ストレンジアトラクター(strange attractor)〉という．

　アトラクターの中から出発する運動はアトラクターの中に留まる(アトラクターは不変集合である；ノート3.1)．ストレンジアトラクターの中で起こる運動は一般に極めて複雑であり，正の最大リアプノフ指数をもつ．散逸系では，自由度が縮減して運動が単純化しようとするのだが，複雑性が残存する「隙間」がストレンジアトラクターなのである．

3.1.4　リアプノフ指数と可積分性との関係

　第3.1.1項で述べたように，カオスを力学理論の枠内ではなく，より現象論的な地平においてとらえようとすると，カオスという概念を「定義」することが難しくなるという大きな代償を払うことになる．

　最大リアプノフ指数が正であると，未来予測は精度の意味で困難になる．これをもって「カオス」であるといえば簡単であるが，慎重に考えると多くの矛盾がある．リアプノフ指数は，不安定性の成長率を測る指数であるから，

そのままで複雑性の強さ(そのようなものがあるなら)を示すものとはいえない．まず，最大リアプノフ指数が正ではあるが単純な運動を私たちは知っている．1次元の定数係数線形運動方程式(3.2)が，その最も簡単な例である．最大リアプノフ指数(係数 a に他ならない)が正であることは，確かに未来予測の「精度」における困難を意味する．しかし，この線形系は「カオス」といえる特徴を有さない．運動は簡単に〈積分〉できるからだ．これを「カオス」と呼ぶのは不適当である[*5]．

この例のように，軌道を含む領域が単調に伸張するような不安定運動は，むしろ単純な運動である．限られた領域の中で，隣接した軌道どうしが指数関数的に離れようとすると，どうなるだろう．正の最大リアプノフ指数をもつという不安定な面と，状態空間の領域が制限されるという「広い意味で安定」な面の二つが拮抗するとき，運動は複雑にならざるを得ない．有限な領域の中で無限の違いを生みだそうとするプロセス——これが通常カオスと認識される運動である．

図3.3に，ABC流(2.47)のカオスによって引き起こされる〈ミキシング〉で物理量(磁束)の分布が複雑化する様子を示す．これは，宇宙の磁場の起源を説明するモデルとして計算されたものである．宇宙空間では，原子が高エネルギーとなって電離し，電磁場と自由に相互作用するようになる．そのような状態を〈プラズマ〉と呼ぶ．プラズマは磁束を「引きずって」運動するので(磁束はプラズマに「凍りつく」という)，プラズマの流れがカオスであると，磁束の分布はカオス流によってかき混ぜられるのである．図(a)から(b)へと時間が経過するにしたがって，磁束は込み入った分布になり，それに応じて磁場の強度(磁束の微分量に相当する)が大きくなるというのである．この理論によって，カオス → 複雑化 → 磁場の誕生という宇宙の営みが説明される．

リアプノフ指数と可積分性との関係について，次のことは証明できる．自律系が可積分であり，すべての軌道が有限領域に含まれるならば，最大リアプノフ指数は正ではない(したがって，自律系であってすべての軌道が有限領域に含まれるとき，最大リアプノフ指数が正であるならば，非可積分である)．

[*5] 線形系でも，無限次元空間となると，秩序/カオスの定義は難しくなる．ノート3.2参照．

3 複雑系に向きあう科学

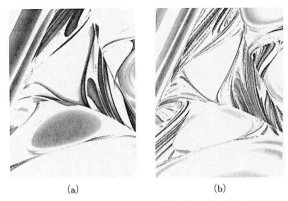

(a) (b)

図 3.3 カオス流によるミキシング（かき混ぜ）．非一様な流れによって運ばれる物理量の分布は複雑化する．A.D. Gilbert, S. Childress: "Evidence for Fast Dynamo Action in a Chaotic Web", *Phys. Rev. Lett.* **65** (1990), pp.2133-2136 から引用．

証明は簡単である．状態空間の次元を n としよう．可積分であるならば，$n-1$ 個の t を含まない保存量がある（第2.4.1節参照）．したがって，残された1個の自由度のみが変化する．これを x_n と書こう．x_n の運動を支配する運動方程式は

$$(3.10) \qquad \frac{d}{dt} x_n = V_n(x_n)$$

の形に書くことができる（(2.60)参照）．自律系であるという仮定によって，この右辺には t が含まれない．軌道が有限領域に含まれるという仮定から，$x_n(t)$ は，ある不動点へ単調に漸近するか，さもなければ周期的である（つまり x_n は周期を法とする角変数である；図2.11参照）．前者の場合，異なる初期値から出発した軌道は，一般的にはそれぞれ異なる不動点に収束する（$x_1, \cdots, x_{n-1}$ の初期値（=保存量）も変化させる必要があり，それによって $V_n(x_n)$ が変化する）ので，最大リアプノフ指数は0である（もし1つの不動点に収束するなら最大リアプノフ指数は負となる）．周期運動する場合は，異なる $x_1, \cdots, x_{n-1}$ に対して周期がずれると，$|x_n(t)-x'_n(t)|$ はたかだか t に比例して増大する．このとき最大リアプノフ指数は0である．

自律系でないならば，リアプノフ指数と可積分性の関係は希薄になる．実

際，最大リアプノフ指数が正であり，すべての軌道が有限領域に含まれるにも拘わらず可積分な運動がある．例を示そう．ハミルトニアンが

$$(3.11) \qquad H = e^{t(q^2+p^2)/2}$$

と与えられる非線形非自律系を考える．正準運動方程式(2.80)を書き下すと

$$\frac{d}{dt}\begin{pmatrix} q \\ p \end{pmatrix} = \begin{pmatrix} tpe^{t(q^2+p^2)/2} \\ -tqe^{t(q^2+p^2)/2} \end{pmatrix}.$$

変数を

$$x = \sqrt{q^2+p^2}\tan^{-1}(q/p), \quad y = \sqrt{q^2+p^2}$$

と変換するとみやすくなる（極座標への変換）；

$$(3.12) \qquad \frac{d}{dt}\begin{pmatrix} x \\ y \end{pmatrix} = \begin{pmatrix} tye^{ty^2/2} \\ 0 \end{pmatrix}.$$

これは簡単に積分できて

$$(3.13) \qquad x(t) = \hat{x} + \frac{4}{\hat{y}^3} + \left(t\frac{2}{\hat{y}} - \frac{4}{\hat{y}^3}\right)e^{t\hat{y}^2/2}, \quad y(t) = \hat{y}$$

を得る（$\hat{x}, \hat{y}$ は x, y の初期値を表す）．したがって(3.12)は可積分系である．この系の最大リアプノフ指数を計算してみよう．上記の座標変換（極座標への変換）は直交変換（ヤコビアン=1）であるから，x-y 空間でリアプノフ指数を計算すれば，もとの q-p 空間のリアプノフ指数と一致する．定義(3.1)に解の表式(3.13)を代入して計算すれば，容易に

$$\lambda(\hat{x},\hat{y}) = \frac{\hat{y}^2}{2}$$

を得る．

　この系は正の最大リアプノフ指数をもつが，軌道が無限空間に広がっているわけではない．q-p 空間で運動を描くと，半径 y によって異なる角速度で回転する〈剪断流(shear flow)〉を表す．この流れで粒子集団が運ばれるとミキシン

グが起こって，分布が指数関数的に複雑化する[*6]．しかし，この系は上記のように〈可積分〉である．

逆に，最大リアプノフ指数が負でありながら「非可積分」ということもある．ある非可積分な力学系の運動 $x(t)$ を考え，その最大リアプノフ指数が λ であるとしよう（$\lambda \geqq 0$ であってもよい）．変数を変換して $y(t) = e^{-\Lambda t} x(t)$（$\Lambda$ は λ より大きい定数）とおく．すると $y(t)$ の最大リアプノフ指数 λ' は負となる．実際，(3.1) を $y(t)$ に対して評価すると

$$(3.14) \quad \lambda' = \sup_{\boldsymbol{\delta}} \left[\limsup_{t \to \infty} \frac{1}{t} \log \frac{|e^{-\Lambda t}[\boldsymbol{x}(\hat{\boldsymbol{x}} + \boldsymbol{\delta}; t) - \boldsymbol{x}(\hat{\boldsymbol{x}}; t)]|}{|\boldsymbol{\delta}|} \right] = \lambda - \Lambda.$$

ここで行った変換は，どんどん膨張してゆく状態空間で運動を観察するという意味である．したがって，状態の観察は次第に「粗視化」（ズーム・アウト）され，$t \to \infty$ の極限で軌道は $y = 0$ へ収縮する．その意味で運動は安定にみえる．しかし，このような自明な変数変換（見方の変換）で複雑な運動自体が単純化されたということはできない．$x(t)$ が非可積分であれば，これをスケール変換しただけの $y(t)$ も非可積分である——「可積分」とは，変数変換に対して不変な概念であるから．しかし，$y(t)$ の「複雑性」は，これを見るスケールの粗視化によって縮減されたのである．

この例が示すように，複雑さは現象の見方に強く依存する．注目するスケール（長さ，時間，エネルギーなど代表的な値）によって見え方が著しく異なる場合に，私たちはスケールの〈階層〉を定義して，層の違いと現象の見え方の違いの関係を考察しなくてはならない．階層に関する問題は章をあらためて詳述する．

3.2 ランダム（不規則）という仮説

3.2.1 確率過程

力学理論では，たとえ「未来予測が難しい」といっても〈決定論〉の前提を

[*6] 指数関数的になるのは，流れの非一様性（剪断効果）が t とともに指数関数的に強くなるからである（(3.12)参照）．時間的に一定の可積分な剪断流が起こすミキシングは t の 1 次関数でしか進行しない．(3.10)参照．

捨てているわけではない．決定論とは，初期状態が未来の状態を決定するという思想である．初期と未来との関係を微分的に定式化した法則が運動方程式であり，この初期値問題を解くと，初期と未来の関係が一筋の軌道によって表現される*7．その意味で個別的な未来予測は，原理的には「可能」である（最大リアプノフ指数が正であるとき，精度の問題があるにしても）．しかし，非可積分である場合，ひとつの軌道（ある特定の初期値によって規定される運動方程式の特殊解）は必ずしも他の軌道を「代表」しない．ある初期値について運動を計算したとしても，わずかに違う初期値から出発した運動がまったく異なるふるまいをすると，運動方程式を用いて未来を予測するという方法では普遍的な知識が得られない．これが力学理論におけるカオスの問題である．

決定論の世界観は，要素還元された抽象的世界を想定したものであり，多数の要素（粒子）が複雑に相互作用する現実の系にあてはめることはできない．多数の要素に対して，各要素の運動すべてを把握することはできないし，それぞれの運動の個別性は普遍性を探求しようとする科学の立場からは興味の対象にならない．なんらかの「代表者」を想定して，その運動を「モデル」にして系全体の特性を調べようとするならば，どうすればよいだろうか．上記のように，低自由度であっても非可積分であるとき，1つの粒子の軌道そのものでは，系全体を代表できない．まして自由度が高いと極めて非可積分であるから，代表者の運動という意味は決定論の地平には存在しない．何らかの「統計理論」が必要になるのだ．

莫大な数の粒子の中から，ひとつの〈テスト粒子〉を無作為に選んで，その運動を観察するとしよう．テスト粒子は他の粒子と相互作用しながら運動する．この点が，第2.4.3項で考えた状況，すなわち単に初期条件が異なるだけで相互作用せず（つまり同じ法則に支配されながら）運動する粒子集団の概念と根本的に異なる．

他の莫大な数の粒子を厳密に観察するわけにはいかないので，これらはランダム（不規則）に運動していると仮定する．したがって，私たちが注目している

---

*7 運動方程式に現れる項のリプシッツ連続性を前提としている．この場合，運動方程式は一意的な解をもつことが証明できる．ノート1.2参照．

テスト粒子は，ランダムな力(他の粒子との相互作用)を受けて運動すると考えるのである．

相互作用を厳密に計算しようとすると，すべての粒子の運動を同時に解析しなくてはならない．したがって，状態空間はひとつひとつの粒子の状態空間を全粒子にわたってかけ合わせた〈直積空間〉となる．これを〈Γ-空間〉と呼ぶ．一方，ランダムな力の場におかれたテスト粒子のモデルでは，テスト粒子のみの状態空間(これを〈μ-空間〉という)を考えるのである．自由度は，ただひとつのテスト粒子の自由度にまで縮減されたことになる．他の粒子の運動は「ランダム」という仮説のもとで捨象されたのだ．

ランダムな力の場を考えると，テスト粒子の運動方程式は

$$m\frac{d}{dt}\boldsymbol{q}' = \boldsymbol{F} + \alpha\boldsymbol{G} \tag{3.15}$$

という形になる．$\boldsymbol{q}'=d\boldsymbol{q}/dt$ はテスト粒子の速度を表す．定数 α が 0 のとき，他の粒子との相互作用がないニュートンの運動方程式になる($\boldsymbol{F}$ は単独粒子に作用する力を表す；(2.2)参照)．$\boldsymbol{G}$ はランダムに変動する力(揺動力という)であり，テスト粒子を取り囲む他の粒子との相互作用を表す(ノート 3.3 参照)．このようなランダムな力を含む運動方程式を一般に〈ランジュヴァン(Langevin)方程式〉と呼ぶ．

3.2.2 推移確率によって表現される運動

ランダムな場の中で運動するテスト粒子を考えるとき，その〈軌道〉自身は偶然に支配されるものであるから普遍的な意味をもたない．ランダムな力を含む運動方程式(3.15)は，同じ初期値を与えても，解くたびに異なる答えを与える．ランダムな力は試行のたびに異なる時系列になるからだ．そこで，何度も試行と観察をおこなって，統計的な平均としてひとつの粒子がおこなう運動の傾向を把握することを試みなくてはならない．「試行」という仮想の行為を想定し，いくつもの試行によって得られるであろう「データの集合」を考えようというのである．これから私たちが「確率」あるいは「統計」という場合は，このようなデータの集合すなわちアンサンブル(ensemble)についての確率的あるいは統計的な量を意味する．

3.2 ランダム(不規則)という仮説

　私たちは,テスト粒子の運動を決定論的な軌道によって記述することをやめ,確率的な描像で運動の統計的な傾向をみようとしている.このために,軌道の代わりに用いるのが以下に定義する〈推移確率(transition probability)〉である.

　状態空間 X の点を $\boldsymbol{x}$ と表す.時刻 s に位置 $\boldsymbol{x}_s$ にあったテスト粒子が時刻 $t\,(\geqq s)$ で領域 $B\,(\subset X)$ の中に入る確率を $P(s,\boldsymbol{x}_s;t,B)$ と表し,これを推移確率と呼ぶ.状態空間の体積要素を dx と書き,推移確率密度 $p(s,\boldsymbol{x}_s;t,\boldsymbol{x})$ を

$$P(s,\boldsymbol{x}_s;t,B) = \int_B p(s,\boldsymbol{x}_s;t,\boldsymbol{x})\,dx$$

により定義する.

　推移確率によって表現できる確率過程は〈マルコフ(Markov)過程〉と呼ばれる.これは,次のような意味で「履歴」によらない過程である.時刻 s において $\boldsymbol{x}_s$ にあったテスト粒子が,s より前の時刻でどのような状態にあったかを履歴という.たとえば,特別な部分領域 $X_1\,(\subset X)$ があって,X_1 に一度入ったテスト粒子は二度と X_1 には戻れないという約束があったとしよう.この場合,時刻 s から先の推移の仕方は,s 以前に X_1 に入ったことがあるかないかという履歴に依存して異なる.したがって,s から先の時刻 t における状態の確率分布を,s 以前の履歴に依存しないひとつの確率分布 $P(s,\boldsymbol{x}_s;t,B)$ によって与えることはできないことになる.このように履歴に依存する確率過程は〈非マルコフ過程〉と呼ばれる.

　推移確率が時刻の原点のとり方に依存しない場合,すなわち自律系に対しては,推移確率は「時間」すなわち $t-s$ のみによって表現できる.したがって,$s=0$ と選んで

$$P(0,\boldsymbol{x}_0;t,B) = P(t,\boldsymbol{x}_0,B), \quad p(0,\boldsymbol{x}_0;t,\boldsymbol{x}) = p(t,\boldsymbol{x}_0,\boldsymbol{x})$$

によって確率的な運動を記述することができる.

　推移確率は,2つの時刻(自律系の場合は時間のみ)をパラメタとする確率分布である.確率の性質から,任意の $s\leqq t$, $\boldsymbol{x}_s \in X$ に対して

$$(3.16) \quad P(s, \boldsymbol{x}_s; t, B) = \begin{cases} 1 & (B = X), \\ 0 & (B = \emptyset), \end{cases}$$

および任意の $s, \boldsymbol{x}_s \in X, B \subset X$ に対して

$$(3.17) \quad P(s, \boldsymbol{x}_s; s, B) = \begin{cases} 1 & (\boldsymbol{x}_s \in B), \\ 0 & (\boldsymbol{x}_s \notin B) \end{cases}$$

が成り立たなくてはならない．また任意の $s<\tau<t, \boldsymbol{x}_s \in X, B \subset X$ に対して
〈チャップマン-コルモゴロフ(Chapman-Kolmogorov)の等式〉

$$(3.18) \quad \begin{aligned} P(s, \boldsymbol{x}_s; t, B) &= \int_X P(s, \boldsymbol{x}_s; \tau, dy) P(\tau, \boldsymbol{y}; t, B) \\ &= \int_X p(s, \boldsymbol{x}_s; \tau, \boldsymbol{y}) P(\tau, \boldsymbol{y}; t, B) \, dy \end{aligned}$$

が成り立たなくてはならない．これは次のような〈因果律〉を表す関係式である．時刻 s において $\boldsymbol{x}_s$ から出発し，時刻 t において領域 B へ推移するには，途中の時刻 τ において，いろいろな所を通過する可能性がある．推移確率 $P(s, \boldsymbol{x}_s; t, B)$ は，途中の経路すべてについて，そこを通過する確率をたし合わせたものと等しいというのが(3.18)の意味である．

これらの関係は力学理論(決定論)における〈因果律〉すなわち(2.16), (2.17)を一般化したものである(第2.3.1項参照)．決定論的に軌道が $\boldsymbol{x}(t) = T(t,s) \boldsymbol{x}_s$ と与えられるときは，形式的に

$$(3.19) \quad p(s, \boldsymbol{x}_s; t, \boldsymbol{x}) = \delta(\boldsymbol{x} - T(t,s) \boldsymbol{x}_s)$$

となる($\delta(\boldsymbol{x})$ は δ 測度を表す)．運動の表現として，軌道ではなく推移確率密度が与えられているという意味は，未来の状態を一意に決めるのではなく，ぼんやりとした確率分布で予測しようということである．最もはっきりした極限が決定論，すなわち(3.19)のごとく未来が100パーセント予測されている場合である．

逆に，最もランダムである極限では，時刻 s より少しでも先の時刻 t で行き先がまったく予測不能となる．このとき

(3.20) $$p(s, \boldsymbol{x}_s; t, \boldsymbol{x}) = \frac{1}{|X|} \quad (|X| \text{ は } X \text{ の体積})$$

とせざるを得まい．つまり，状態空間のどの位置も確率的に均等であるというしかない．いわゆる〈等重率(等分配)の原理〉である．しかし，予測ができないからといって，確率分布が均等になると「予測」するのは論理の飛躍だ．ある種の確率過程においては，十分時間が経つと$(t \gg s)$必然的に(3.20)となることを，次項で証明しよう．

3.2.3 H定理

確率過程のランダム性を〈H定理〉という形で述べておこう．これは平衡状態が等重率の原理，すなわち確率的な平等性((3.20)参照)をみたすことを立証する基本的な原理であり，一定の仮定のもとで抽象的に導出することができる．

状態空間をXとする自律系を考える．連続変数をあつかうのは，いくらか技術的なハードルがあるので，ここでは空間Xを小さなセルに分割し，テスト粒子がセル間を移動する推移確率を考える．各セルを$\sigma_k (k=1, \cdots, M)$と書こう(セルの総数$M$は有限とする)．一定の時間間隔(=1とする)を決めて状態を観察し，τ(整数)時間経過したときにσ_kからσ_ℓへ推移する確率を$P(\tau, k, \ell)$と書く$(0 \leq P(\tau, k, \ell) \leq 1)$．これが推移確率であるためには，チャップマン-コルモゴロフの等式

(3.21) $$P(\tau, k, \ell) = \sum_{j=1}^{M} P(\nu, k, j) P(\tau-\nu, j, \ell) \quad (\tau = 2, 3 \cdots, \ 0 < \nu < \tau)$$

が成り立たなくてはならない((3.18)参照)．

必要な仮定は

(3.22) $$\sum_{k=1}^{M} P(\tau, k, \ell) = 1 \quad (\ell = 1, \cdots, M)$$

および

(3.23) $$0 < P(\nu, k, \ell) \quad (\forall k, \ell, \exists \nu)$$

が成り立つことである．条件(3.22)は，推移の対称性$P(\tau, k, \ell) = P(\tau, \ell, k)$が

成り立つならば,全確率の保存則 $\sum_{\ell=1}^{M} P(\tau,k,\ell)=1$ (推移確率の公理(3.16)参照)と等価である.ある ℓ について(3.22)がみたされないで,左辺の和が 1 より大きい(あるいは小さい)ということは,その状態 ℓ に対して過剰に(あるいは過少に)推移が起こることを意味する.そのようなことがないことを仮定するのである.一方,(3.23)は〈不可分条件〉(あるいは測度可遷性条件)といわれる.意味するところは,どの初期状態から出発しても,ある時間がたてば,任意の状態へ必ず有限な確率で推移できるということだ.逆にこれが成り立たない場合には,状態空間は複数の部分領域に分割されていて,ある状態から出発すると決して行けない場所があることになる.このような分割が起きないことを仮定するのである.

H 定理とは,次のように定義する〈H 関数〉が時間 τ の関数として非増加であることをいう.

$$(3.24) \qquad h(p) = \begin{cases} p\log p & (p>0), \\ 0 & (p=0) \end{cases}$$

とおき,

$$(3.25) \qquad H(\tau;k) = \sum_{\ell=1}^{M} h(P(\tau,k,\ell))$$

と書く.慣例にしたがって H と書くが,ハミルトニアンと混同しないよう注意されたい.任意の k に対して

$$(3.26) \qquad H(\tau;k) \geqq H(\tau+1;k) \quad (\tau=1,2,\cdots)$$

が成り立つというのが H 定理である.

これを証明するには[*8]

$$(3.27) \qquad \sum_{j=1}^{M} h(P(\tau,k,j))P(1,j,\ell) \geqq h(P(\tau+1,k,\ell))$$

を示せばよい.実際,(3.27)の両辺を $\ell=1$ から M にわたってたし合わせると(3.26)を得る.(3.27)は,関数 h のグラフがもつ幾何学的な特徴(凸性)

[*8] 以下の証明は,吉田耕作,『物理数学概論』,産業図書,1974 による.

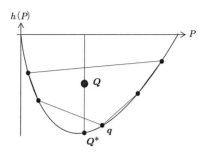

図 3.4 H 関数と統計平均の関係.

だけから導かれる関係式である．h を p の関数としてグラフに描き，グラフ上に M 個の点

$$\boldsymbol{q}_j = (P(\tau,k,j), h(P(\tau,k,j))) \quad (j=1,\cdots,M)$$

をプロットしてみよう（図 3.4 参照）．$d^2h(p)/dp^2 = 1/p$ であるから，$p \geqq 0$ の範囲でグラフは下に凸である．したがって，$\{\boldsymbol{q}_1,\cdots \boldsymbol{q}_M\}$ を頂点とする多角形は凸である．

各点 $\boldsymbol{q}_j$ に重み $P(1,j,\ell)$ を掛けてたし合わせると，(3.22) により「重心点」が求まる．その座標は

$$\boldsymbol{Q} = \left(\sum_{j=1}^{M} P(1,j,\ell)P(\tau,k,j),\ \sum_{j=1}^{M} P(1,j,\ell)h(P(\tau,k,j))\right)$$
$$= \left(P(\tau+1,k,\ell),\ \sum_{j=1}^{M} P(1,j,\ell)h(P(\tau,k,j))\right)$$

となる．上記の多角形は凸であるから，重心点 $\boldsymbol{Q}$ はこの多角形に中に含まれる．一方，関数 h は下に凸であるから，このグラフ上の点

$$\boldsymbol{Q}^* = (P(\tau+1,k,\ell),\ h(P(\tau+1,k,\ell)))$$

は $\boldsymbol{Q}$ よりも下に位置する（図 3.4 参照）．したがって (3.27) が証明された．

不可分条件 (3.23) のもとで〈平衡状態〉の条件

(3.28) $\qquad H(\tau;k) = H(\tau+\nu;k) \quad (\forall \nu > 0)$

が達成されるためには，図3.4のグラフ上ですべての点 q_j が合体する必要がある．すなわち

$$(3.29) \qquad P(\tau, k, \ell) = \frac{1}{M} \quad (\forall \ell)$$

とならなくてはならない．(3.29)は，系がとりうるすべての状態が同じ確率をもつことを意味する((3.20)参照)．これを〈等重率(equal probability)の原理〉あるいは〈等分配(equi-partition)の原理〉という．

3.2.4 統計的な平衡状態

前項で示したように，ランダムな運動をおこなうテスト粒子の推移確率は，均一分布にいたることで統計的な平衡を達成する．テスト粒子はすべての可能な状態のどこかに同じ確率で存在する(どこにいるかまったく予測不能)というのが統計的な意味での平衡状態である．これは一見，無意味な結論のように思われる．しかし，力学的に可能な状態の集合(アンサンブル)には，力学の原理によって「制約」が与えられる．このために興味深い結果が導かれる．

テスト粒子の力学的状態を $\boldsymbol{x} = {}^t(\boldsymbol{q}, \boldsymbol{p})$ と書く．ここに $\boldsymbol{q} \in \Omega$ ($\subset \mathbb{R}^3$) は座標，$\boldsymbol{p} \in \mathbb{R}^3$ は運動量を表すベクトルである．テスト粒子の状態空間は $\Omega \times \mathbb{R}^3$ (μ-空間)である．

ここでも，連続変数をあつかうためには技術的なハードルがあるので，μ-空間を小さなセルに分割し，各セルを σ_k ($k=1, \cdots, M$) と書こう．$P(\tau, k, \ell)$ によって，時間 τ 後にセル σ_k からセル σ_ℓ へ移行する推移確率を表す．初期($\tau=0$)において，各セル σ_k に $g(k)$ 個の粒子が入っているとしよう($k=1, \cdots, M$)．全粒子数 $\sum_k g(k) = N$ は大きな定数とする．初期の粒子分布 $g(k)$ に対して

$$(3.30) \qquad f(\ell, \tau) = \sum_k P(\tau, k, \ell) g(k)$$

とおく．$f(\ell, \tau)$ を〈分布関数(distribution function)〉と呼ぶ．テスト粒子は，統計的に同等な粒子群の中から無作為に選んだひとつの粒子である．したがって $f(\ell, \tau)$ は，時間 τ 後においてセル σ_ℓ に入っている粒子数の期待値を表す．もちろん $f(\ell, 0) = g(\ell)$ である．平衡状態では，分布関数は時間 τ によらない関数となる．これを $f(\ell)$ と書こう．$f(\ell)$ は H 関数を最小にするように定め

ればよい*9. ただし，以下に述べるように，力学的な条件から一定の束縛が課される．

外界から遮断された系を考える．遮断とは，粒子およびエネルギーの出入りがないことをいう．系内部での粒子およびエネルギーの発生・消滅もないとする．まず，粒子数の保存則を書こう．全空間 X（すべてのセル）にわたって $f(\ell)$ をたし合わせると全粒子数 N にならなくてはならない．すなわち

$$\sum_{\ell=1}^{M} f(\ell) = N. \tag{3.31}$$

次に全エネルギーの保存則を書こう．$\mathcal{E}_\ell$ によりセル σ_ℓ に入っている粒子がもつエネルギー(ハミルトニアン)を表す．系の全エネルギーを E（時間によらない一定値をもつ）とすると

$$\sum_{\ell=1}^{M} f(\ell)\mathcal{E}_\ell = E \tag{3.32}$$

という関係が要請される．系に含まれる粒子数と全エネルギーがそれぞれ一定値に指定されている系を〈孤立系〉あるいは〈ミクロ・カノニカル集合(microcanonical ensemble)〉という．

条件 (3.31) および (3.32) の制約下で H 関数を最小にする $f(\ell)$ は変分

$$\delta\left[\sum_{\ell=1}^{M} f(\ell)\log f(\ell) + \alpha \sum_{\ell=1}^{M} f(\ell) + \beta \sum_{\ell=1}^{M} f(\ell)\mathcal{E}_\ell\right] = 0 \tag{3.33}$$

を計算することによって求められる．α と β は，条件付き変分問題で用いるラグランジュ未定乗数である．(3.33) を解いて

$$f(\ell) = \frac{1}{Z} e^{-\beta\mathcal{E}_\ell} \tag{3.34}$$

を得る（ただし $Z = e^{1+\alpha}$ と書いた）．これを〈ギブス(Gibbs)分布〉と呼ぶ．

パラメタ α, β は，(3.34) を (3.31) および (3.32) に代入して，N および E の関数として決定しなくてはならない．エネルギーを表す関数 $\mathcal{E}_\ell$ は上に非有界な関数であることから（運動量が大きくなるにしたがって運動エネルギーは

---

*9 H 関数の符号を変えたものを〈エントロピー〉と呼ぶ．平衡状態は，エントロピーを「最大」にする分布関数により与えられる．ノート 3.4 参照．

発散する），$\beta \geqq 0$ でなくてはならないことがわかる．

(3.35) $$\beta = \frac{1}{k_\mathrm{B} T}$$

と書き，温度 T を定義する．k_B を〈ボルツマン (Boltzmann) 定数〉という（ノート 3.4 参照）．

ギブス分布 (3.34) は，平衡状態の分布関数が，粒子のエネルギー $\mathcal{E}_k$ の関数となることを表す．これは，一見すると等重率の原理と矛盾するように思われる．実際，H 関数を最小にする変分原理 (3.33) には「制約条件」(3.31) および (3.32) が課されている．この制約のために，H 関数は絶対的な最小値より大きな値にあまんじなくてはならない．実は，ギブス分布は「Γ-空間の中で制約条件をみたす状態の集合」の上で等重率の原理を満足する．このことを確認しておこう．

まず，多粒子系の力学的状態を Γ-空間において記述する．個々の粒子の状態空間を全粒子について直積した空間において，ひとつの「点」は全系のひとつの力学的な状態を表す．各粒子の状態を $\ell^{(j)}$ ($j=1,\cdots,N$) と書くと，Γ-空間の状態ベクトルは $\boldsymbol{\xi} = {}^t(\ell^{(1)},\cdots,\ell^{(N)})$ である (ℓ はセル σ_ℓ の番号を表す)．全系のハミルトニアンを $\mathcal{E}$ と書くと，系の全エネルギーが一定であるという条件は

(3.36) $$\mathcal{E}(\ell^{(1)},\cdots,\ell^{(N)}) = E$$

と表される．(3.36) は Γ-空間内にひとつの超曲面（全エネルギーのレベルセット）を決める式である．この等エネルギー超曲面を G と書く．ある初期値から出発した運動は，G の上を複雑に運動する．初期値を変えると（全エネルギーは同じとする），G の上でまったくちがった運動が起こるだろう．異なる初期値をもつ運動の集合が，Γ-空間の統計集団（アンサンブル）を構成する．G に属するすべての点が同じ確率で実現されるという〈等重率の原理〉を仮定すると，G 上の一様な確率分布が得られる．これを μ-空間に投影したときの濃淡がギブス分布 (3.34) である．このことを，具体的に計算して示そう．

μ-空間のセル σ_ℓ に入る粒子数を $f(\ell)$ と書くのであった．全粒子数が N であるという条件 (3.31) のもとで，仮にひとつの分配のしかた $f(1),\cdots,f(M)$

を選ぶと，これに対応する Γ-空間の状態数は

$$W(f(1),\cdots,f(M)) = \frac{N!}{f(1)!f(2)!\cdots}$$

だけある．Γ-空間で等重率の原理が成り立つならば，それぞれのセルへのある分配のしかた $f(1),\cdots,f(M)$ が実現される確率は $W(f(1),\cdots,f(M))$ に比例する．したがって，$W(f(1),\cdots,f(M))$ を最大にする分配 $f(\ell)$ $(\ell=1,\cdots,M)$ を選べば，等重率の原理のもとで，最も実現確率が高い分配(すなわち μ-空間の分布関数) $f(\mu)$ が得られる．ただし，この分配方法には前記の条件(3.31)および(3.32)が課される[*10]．これらの条件のもとで W を最大化する分布 $f(\ell)$ は

$$(3.37) \quad \delta\left[\log W(f(1),\cdots,f(M)) + \lambda\sum_{\ell=1}^{M}f(\ell) + \mu\sum_{\ell=1}^{M}f(\ell)\mathcal{E}_\ell\right] = 0$$

によって定められる(W の最大化ではなく $\log W$ の最大化にする理由はノート3.4を参照されたい)．ここで N およびすべての $f(\ell)$ が十分大きい数であるとするとスターリング(Stirling)の公式(十分大きな整数 m に対して)

$$\log m! = m\log m - m + \frac{1}{2}\log(2\pi m) + O(1/m)$$

を用いて $W(f(1),\cdots,f(M))$ を書き換えることができ，(3.37)は

$$(3.38) \quad \delta\left[-\sum_{\ell=1}^{M}f(\ell)\log f(\ell) + \lambda\sum_{\ell=1}^{M}f(\ell) + \mu\sum_{\ell=1}^{M}f(\ell)\mathcal{E}_\ell\right] = 0$$

となる．これは，変分原理(3.33)に他ならない．

3.2.5 少数の保存量で描く法則

ギブス分布を導いた変分原理(3.33)は，力学の「知識」(全粒子数 N と全エネルギー E の保存)を束縛として H 関数を最小化する(エントロピーを最大化する)ものである．もし力学の知識がなかったら，H 関数はもっと小さな値

[*10] (3.32)ではそれぞれの粒子のエネルギーが，他の粒子の力学的状態に依存しないで決まると仮定している(厳密なエネルギーの表式(3.36)と比較せよ)．つまり，粒子間の相互作用が十分に考慮されていない．粒子相互作用の問題は，第3.3節において，より慎重に考察することになるだろう．

をとるのだが，それでは結果は自明になる．逆に，もし別のマクロな物理量 F も保存するという知識があるならば，さらに強い束縛が与えられて，H 関数の平衡値は増大する．保存量 F は，各粒子の物理量 $\mathcal{F}(\boldsymbol{x})$ の総和として $F = \int f(\boldsymbol{x})\mathcal{F}(\boldsymbol{x})\,dx$ と与えられるとしよう．N, E, F を束縛する変分原理は

$$(3.39) \quad \delta\left[\int f(\boldsymbol{x})\log f(\boldsymbol{x})\,dx - \alpha \int f(\boldsymbol{x})\,dx \right.$$
$$\left. - \beta_1 \int f(\boldsymbol{x})\mathcal{E}(\boldsymbol{x})\,dx - \beta_2 \int f(\boldsymbol{x})\mathcal{F}(\boldsymbol{x})\,dx\right] = 0$$

であり，この解は

$$(3.40) \quad f(\boldsymbol{x}) = \frac{1}{Z} e^{-\beta_1 \mathcal{E}(\boldsymbol{x}) - \beta_2 \mathcal{F}(\boldsymbol{x})}$$

となる（$Z=1+\alpha$ は規格化の定数）．これはギブス分布(3.34)よりさらに束縛された平衡状態である．このように，保存則を知れば知るほど，変分原理は強く束縛され，H 関数は高い平衡値をとることになる．

ここで，次のような根本的な疑問がうかぶ．ギブス分布は全粒子数 N と全エネルギー E のみを保存量として与えたが，他の保存量は本当にないのかという問いである．もし F も保存するというのであれば，平衡状態は(3.34)ではなく(3.40)としなくてはならない．あるいは，もっと他にも保存量があるかもしれない．保存量をみつけることよりも，他にはないという「不在」を論証することの方が，はるかに難しい問題である．保存量は力学理論における「知識」であり，知識のあるなしは，私たちの知る能力に依存する．しかし，多自由度系に対して，その運動方程式を解くことは既に放棄している．したがって，保存量の不在を証明しようとすること自体が背理である．他に保存量がないという確信は「仮説」として留保せざるを得ない．これを〈エルゴード仮説(ergodic hypothesis)〉という．

ギブス分布を導くとき，私たちはどのようなイメージで，この仮説を許容しているのだろうか．孤立系に含まれる多数の粒子が頻繁に衝突し合ってエネルギーを交換しているとしよう．個々の粒子のエネルギーは変化するが，全粒子にわたって加算したエネルギーの総和 E は一定でなくてはならない．系全体の運動は，Γ-空間の等エネルギー超平面（ミクロ・カノニカル集合）に含まれる曲線で表されるはずだ．これより他に「知識」がないならば，ミクロ・カノ

ニカル集合に属する各状態は，すべて同じ確率をもって実現されると考えるより他ない．いわゆる〈等重率〉の仮定である．確率を等分配する集合としてミクロ・カノニカル集合全体をとるということが，この場合のエルゴード仮説である．

第3.2.3項で「証明」したように，運動が〈推移確率〉で表現でき，さらにミクロ・カノニカル集合の上で推移確率の対称性と不可分条件が仮定できるならば，等重率の仮定をみたす分布が平衡状態となる．すなわち，H 関数を最小とする（エントロピーを最大とする）分布へ緩和することが示されるのであった．不可分条件の意味するところはエルゴード仮説と本質的に同じだ．すなわち，他の束縛条件のために「行くことができない場所」はないというのであるから．

私たちは，粒子集団がもつ自由度の大きさを根拠として，粒子数および全エネルギー以外のいかなる保存則も存在しないことを仮定する．このとき得られるギブス分布(3.34)は，熱平衡状態についての実験的事実と一致し，ゆるぎないものといえる．

しかし，熱平衡を記述するギブス分布は，いわば最低限の構造しかもたない．そこには，集団としてのダイナミズムや構造，たとえば波や流れ，渦，パターンの形成，進化など一切が存在しない．この無秩序・無構造の世界を「熱的死」の状態という．

私たちの世界は，決して熱的死を迎えているわけではない．ダイナミックな運動が起こり，豊かな構造が息づいている．非平衡な系のダイナミズムと多様性について，次節で考えよう．

3.3 集団現象

3.3.1 非平衡を理解するために

多数の要素で構成されるマクロな系（システム）には，要素ひとつの運動からは想像もできない多様な現象が起こる．それらを〈集団現象(collective phenomena)〉と呼ぶ．

現代の私たちは，さまざまな物質（空気や水などの流体，あるいは生物の身

体)が分子というミクロな粒子から成りたっていることを知っている．分子のレベルで物質がもつ性質や運動様式について，厳密で詳細な理論がある．私たちの目にみえる，いろいろなマクロシステムの複雑で多様な運動は，ひとつひとつの分子の運動を積算したものに違いない．しかし，膨大な数の分子(グラム単位の物質は，1モル=6×10^{23} ほどの数の分子で構成される))の運動を計算してマクロシステムの運動を構成することは現実的に不可能だ．木から森を知ることはできないというわけである．要素還元によって捨象されたマクロな世界の多様性を理解するためには，集団現象を記述するための理論が必要となる．

前節で述べた統計的な平衡状態の理論は，確かにマクロな世界に向かう考察のひとつである．しかし，ギブス分布のような平衡状態には，構造も運動もない．現実世界を彩る無限の多様性と複雑なダイナミズムを記述するためには〈非平衡(non-equilibrium)〉の現象に目を向けなくてはならない．

第2.4.3項で〈集団的な秩序〉という概念について述べた．そこでは相互作用がなく，ただ初期条件のみが異なる粒子の集団を考えて，集団が共有する秩序について考えた．本節では，相互作用する粒子の集団を考える．理論の骨格としては，集団運動方程式(2.63)(あるいは，その正準形式(2.115))を用いることができる．ただし，あらかじめ与えられた運動の設計図(流れの場 V，あるいは(2.115)におけるハミルトニアン H)にしたがう独立な粒子集団ではなく，集団内の相互作用によって運動が自律的に決まることをモデル化しなくてはならない．

前節で考えたモデルでは，相互作用は「ランダム」だとした．すなわち，相互作用する多数の粒子の中から1つのテスト粒子を選び，その運動をランダムな力の場の中で確率的に記述することを考えた．運動は，軌道ではなく推移確率によって記述される．ランダムな運動が起こると，この推移確率はしだいに均一分布に漸近して平衡にいたることをみた(H定理)．しかし，相互作用をすべてランダムだと仮定するのは，あまりに乱暴だ．

相互作用をランダムな部分と，集団に共通する部分に腑分けすることができないだろうか？　後者によって，集団の中に秩序態が生みだされる可能性がある．流れや波などの集団現象は，流体を構成する粒子がまったくランダム

に運動するのではなく，一定の秩序(整合性)をもって運動することによって生起する．ただし粒子は完全に整然とした運動をしているのではなく，ミクロにみればほとんど無秩序に近い．だが，マクロなスケールの階層に目を移したとき，すなわち多数の粒子について平均化したとき，0でない運動量が残る．これが流れや波という集団運動なのだ．このような集団運動は，集団に共約される(commensurable)マクロな力によって記述できるはずである．したがって，問題はいかにしてミクロな相互作用をマクロな相互作用に共約するかである．

3.3.2 集団運動のモデル

第2.5節で述べたように，ミクロの世界を支配する法則は，ハミルトニアンという運動の設計図と，これを読み解く正準方程式によって表現される．古典力学では，1つの粒子は，その座標 q と運動量 p からなる6つの力学変数 $x={}^t(q,p)$ で状態が記述される．N 個の粒子からなる系の状態空間は，各粒子の状態空間の直積をとった $6 \times N$ 次元空間である．これを Γ-空間と呼ぶのだった．系の状態は Γ-空間に含まれる1つの点として表現され，系全体の運動(集団運動)は1つの曲線として表される．Γ-空間における軌道を支配するハミルトニアンは $6 \times N$ 個の状態変数(および，非自律系の場合は時刻 t)を独立変数として含む巨大な情報の塊だ．

Γ-空間における力学表現は，理念としては完全だろうが，現実的には次元が高すぎて，直接的に解析することは不可能である．ここでも，テスト粒子の μ-空間で，系の統計的な特性を記述する必要がある．前節では，テスト粒子と他の(膨大な数の)粒子との相互作用を「ランダム」と仮定したが，本節では，粒子間の相互作用の中からマクロに共約される成分を取り出そうとしているので，テスト粒子と他の粒子の相互作用について，もう少し精密に考察しなくてはならない．

各粒子に関して状態変数は共通であるから，1つの粒子の状態変数 x によって張られる6次元の状態空間の中に多数の粒子の軌道を「重ね書き」することができる．つまり，μ-空間の中に N 個の粒子を放り込む．ただし，μ-空間は〈テスト粒子〉の空間だ(第3.2.1項参照)．テスト粒子は，N 個の実在する粒子の中から無作為に選ばれた代表であるが，これと他の粒子を区別するこ

とに意味がないので，次のような留保をする．まず N 個の粒子の運動が既知と仮定する(もちろん無謀な仮定であるが)．これらの粒子群を μ-空間において〈場の粒子(field particle)〉と呼ぶ．μ-空間に，もうひとつ仮想的に〈テスト粒子〉を入れると，これは場の粒子と相互作用して運動する．場の粒子は，テスト粒子に力をおよぼして運動せしめる原因であり，何らかの意味で既知でなくてはならない．第 2 章の力学理論では〈場〉は抽象的に既知の関数でありハミルトニアンの中にあらかじめ書き込まれているべきものであった((2.81)参照)．一方，前節の議論では，場の粒子がテスト粒子に与える力はランダムだと仮定したのである．ここでは，いずれの仮定も妥当しない．いったん先験的に与えた場の粒子の運動こそ，私たちが知りたい運動なのだから．つまり，最終的に

(3.41) $\qquad$ テスト粒子の統計集団 = 場の粒子集団

という無矛盾性(self-consistency)が成り立たなくてはならない．ただし，右辺も〈統計集団〉という意味に解釈すべきである．以上が基本的な戦略である．具体的に定式化しよう．

場の粒子それぞれに番号を付け，第 j 粒子の状態変数を $\boldsymbol{x}_j(t)$ と書く($j=1,\cdots,N$)．上記のように，これらは既知の関数とする．場の粒子から力を受けながら運動するテスト粒子の状態変数を $\boldsymbol{x}(t)={}^t(\boldsymbol{q}(t),\boldsymbol{p}(t))$ と書く．これが μ-空間を張る変数となる．テスト粒子のハミルトニアンを $H_\mu(\boldsymbol{x};\boldsymbol{x}_1,\cdots,\boldsymbol{x}_N)$ と書く．テスト粒子の運動は正準方程式

$$(3.42) \qquad \frac{d}{dt}\begin{pmatrix} \boldsymbol{q} \\ \boldsymbol{p} \end{pmatrix} = \begin{pmatrix} \partial_{\boldsymbol{p}} H_\mu \\ -\partial_{\boldsymbol{q}} H_\mu \end{pmatrix}$$

にしたがう．いろいろな初期値を与えると，テスト粒子の「集団」が作られる．テスト粒子どうしは相互作用しないので，第 2.4.3 項で述べた集団運動方程式を用いて保存則を調べることができる．すなわち，μ-空間で定義された関数 $u(\boldsymbol{x},t)$ が保存量であるならば，集団運動方程式(正準形式で表現したリューヴィル方程式(2.115)の形で書こう)

(3.43) $$\frac{\partial}{\partial t}u + \{H_\mu, u\} = 0$$

をみたさなくてはならない．

具体的に H_μ がどのようなものであるのかをみておこう．例として，重力相互作用によって集団運動をする系（銀河など）を考える．簡単のために非相対論の範囲で定式化し，粒子（銀河の場合であれば1個の星）の質量はすべて m（正の定数）とする．第 j 粒子が作る重力ポテンシャル（ニュートンポテンシャル）は

$$U_j(\boldsymbol{q}, t) = \frac{-mG}{|\boldsymbol{q} - \boldsymbol{q}_j(t)|}$$

である．ただし G は重力加速度であり，$\boldsymbol{q}$ は μ-空間の任意の位置変数を表す．ニュートンポテンシャルは，点質量に対するポテンシャル方程式（ポアッソン（Poisson）方程式という）

(3.44) $$\Delta U_j = mG\delta(\boldsymbol{q} - \boldsymbol{q}_j)$$

(Δ は座標 $\boldsymbol{q}$ に関するラプラシアン）の解として与えられる．粒子は大きさをもたない「点」として表しているので，ちょうど粒子の位置 $\boldsymbol{q} = \boldsymbol{q}_j(t)$ において $U_j(\boldsymbol{q}_j(t), t)$ は発散するが，この場所における力すなわち自己力 $-\partial_{\boldsymbol{q}} U_j$ は 0 と約束する．N 個の場の粒子が作るポテンシャルエネルギーをたしあげ（$U(\boldsymbol{q}, t) = \sum_j U_j(\boldsymbol{q}, t)$ と書く），これにテスト粒子の運動エネルギーを加えれば，H_μ が得られる．すなわち，

(3.45) $$H_\mu = \frac{|\boldsymbol{p}|^2}{2m} - m^2 G \sum_k \frac{1}{|\boldsymbol{q} - \boldsymbol{q}_k(t)|} = \frac{|\boldsymbol{p}|^2}{2m} + mU(\boldsymbol{q}, t)$$

と与えられる．

場の粒子の軌道がわかっていれば，その密度分布は形式的に

(3.46) $$f_K(\boldsymbol{x}, t) = \sum_{j=1}^N \delta(\boldsymbol{x} - \boldsymbol{x}_j(t))$$

と書くことができる（(3.19)参照）．これを〈クリモントヴィッチ（Klimontovich）密度分布関数〉と呼ぶ．$f_K(\boldsymbol{x}, t)$ は集団運動方程式(3.43)のひとつの解であることがわかる（直接代入して検証されたい）．μ-空間における〈テスト粒

子集団〉の密度分布 $u(\boldsymbol{x},t)$ は保存量であるから(ノート 2.4 参照), 集団運動方程式(3.43)をみたす. u に f_K を代入するというのは「テスト粒子集団＝場の粒子集団」とおくという意味である. すなわち, クリモントヴィッチ密度分布関数 f_K は無矛盾性(3.41)をもつ.

しかし現実的には「場の粒子」と呼んだ多数粒子の運動を計算することは不可能である. 集団運動方程式(3.43)は, ミクロの力学法則をそのままマクロ系で表現した「形式」でしかなく, 現実に解くことはできない. クリモントヴィッチ密度分布関数 f_K も単に理念を表現したものでしかない. では, どうすれば現実的に解けるマクロの「モデル」を導出することができるだろうか？

場の粒子を軌道という力学の概念で記述するのではなく, 分布関数によって確率的に記述するというのが, 解決の方法である. 場の粒子の確率分布(分布関数)によって与えられる「平均的な場」を計算し, これを含む平均的なハミルトニアン $\overline{H}_\mu$ を考えよう. 場の粒子の分布関数が $f(\boldsymbol{x},t)=f(\boldsymbol{q},\boldsymbol{p},t)$ と与えられたとする. このとき, 座標空間(変数 $\boldsymbol{q}$ で張られる空間)での密度分布も確率分布となって

$$(3.47) \qquad \rho(\boldsymbol{q},t) = \int f(\boldsymbol{q},\boldsymbol{p},t)\,dp$$

と表される. 平均的なポテンシャル場 $\overline{U}$ はポアッソン方程式

$$(3.48) \qquad \Delta \overline{U} = mG\rho(\boldsymbol{q},t)$$

によって与えられる((3.44)と比較しよう). 分布関数 f (したがって密度分布 ρ)が滑らかな関数であるならば(3.48)によって与えられるポテンシャル場 $\overline{U}(\boldsymbol{q},t)$ も $\boldsymbol{q}$ の滑らかな関数である[*11]. この $\overline{U}$ をポテンシャルエネルギーとして含むハミルトニアンは

$$(3.49) \qquad \overline{H}_\mu = \frac{|\boldsymbol{p}|^2}{2m} + m\overline{U}(\boldsymbol{q},t)$$

である.

[*11] ポアッソン方程式(3.48)の左辺は $\overline{U}$ を座標で 2 回微分している. これが右辺の関数 $mG\rho$ と等しいということは, $mG\rho$ の方が 2 回微分した分だけ凸凹していることを意味する. 逆にいえば, 関数 $\overline{U}$ の方が $mG\rho$ より 2 回「積分」しただけ滑らかになる.

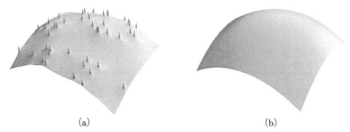

(a) (b)

図3.5 (a)多数の粒子が作る「ごつごつ」したポテンシャル場と，(b)確率密度分布に対して定義される滑らかなポテンシャル場．2次元のポアッソン方程式で与えられるポテンシャル場の分布を示す(粒子の位置で凸になる符号をとっている)．

平均的なハミルトニアン $\overline{H}_\mu$ によって規定される集団運動方程式は

$$(3.50) \qquad \frac{\partial}{\partial t}u + \{\overline{H}_\mu, u\} = 0$$

となる．場の粒子の分布関数 f 自身も保存量でなくてはならない．すなわち，$u=f$ とおいて(無矛盾性の条件(3.41))，集団運動方程式(3.50)と場の方程式(3.47),(3.48)が整合する必要がある．

(3.50)を〈ヴラゾフ(Vlasov)方程式〉と呼ぶ．$u=f$ とおいて，(3.50)と場の方程式(3.47),(3.48)を連立させた方程式系(ヴラゾフ-ポアッソン方程式系)によって，μ-空間の分布関数 $f(\boldsymbol{x},t)$ が決定できる．これは現実的に解析することができるひとつの自己完結したモデルである．

集団運動方程式(3.43)に含まれるハミルトニアン H_μ とヴラゾフ方程式(3.50)の $\overline{H}_\mu$ を比較すると，粒子間の相互作用を表現するポテンシャル場が，粒子的なごつごつした場から，統計的な滑らかな分布に変更されていることがわかる(図3.5)．各粒子(場の粒子)の運動を厳密に追跡して相互作用を計算することは実際的に不可能であるから，これを確率分布で置き換えようというのがヴラゾフ方程式の思想であった．粒子軌道というミクロな階層での運動の表現から，分布関数というマクロな階層の表現へ移行したのである．この粗視化によって，粒子の正確な位置を特定した精度において現れる「ごつごつ」は消えてしまうのだ(この効果をある程度回復する可能性については次項で考える)．

ヴラゾフ–ポアッソン方程式系は，粒子レベルでのミクロな相互作用を記述することはできないが，粒子集団のマクロな運動効果を巧みに表現するモデルとなっている．$\overline{H}_\mu$ はあらかじめ与えられた運動の設計図ではなく，粒子集団の運動によって自律的に変化する．$\overline{H}_\mu$ は分布関数に依存するから，ヴラゾフ–ポアッソン方程式系は非線形である．第2章で議論したリューヴィル方程式 (2.115) と，この点が本質的に違うことに注意しよう．リューヴィル方程式 (2.115) もヴラゾフ方程式 (3.50) も，相互作用しない粒子の集団運動を記述する方程式である．それぞれの粒子は，単に初期条件の違いによってのみ異なる運動をおこなう．しかしヴラゾフ方程式では，粒子集団が作る平均的な場がハミルトニアンに反映されているのである．

3.3.3 確率的な揺らぎをもつマクロモデル

前項では，多粒子系の集団運動をマクロに記述するモデルとしてヴラゾフ方程式を導いた．このモデルでは，ミクロなスケールでの粒子間の直接的相互作用，すなわち各粒子の近傍にある「ごつごつ」したポテンシャル場による散乱の効果（粒子どうしの衝突）が無視されている．衝突がほとんど起きないような系[*12]に対してはヴラゾフ方程式が有用であるが，衝突を無視できない場合には工夫が必要である．

ここでも，粒子間の相互作用をミクロに解くという不可能な方針を立てるわけにはいかない．ミクロな散乱効果を，ランダムな力によってモデル化するのが適当であろう（第3.2.1項参照）．ランダムな力の効果は，ヴラゾフ方程式に〈拡散 (diffusion)〉の項を付け加えることで表現できる．これは，推移確率密度（第3.2.2項参照）を支配する「普遍的」な発展方程式として導かれる．普遍的というのは，具体的な問題によらず，確率過程の一般的性質のみから導かれる抽象的な構造という意味である．定式化のプロセスはノート3.5に示すこととし，ここでは方程式の形と拡散ということの意味を説明しよう．

状態空間のなかで位置 x_0 から x へ時間 t をかけて推移する推移確率密度

[*12] 銀河，あるいは重力の代わりに電磁力 (Lorentz 力) が支配的となる荷電粒子の多体系（すなわちプラズマ）では，しばしば「無衝突」はよい近似である．

を $p(t, \boldsymbol{x}_0, \boldsymbol{x})$ と書く.

$$\boldsymbol{a}(\boldsymbol{x}_0, t) = \int (\boldsymbol{x}-\boldsymbol{x}_0) p(t, \boldsymbol{x}_0, \boldsymbol{x})\, dx, \quad b(\boldsymbol{x}_0, t) = \int |\boldsymbol{x}-\boldsymbol{x}_0|^2 p(t, \boldsymbol{x}_0, \boldsymbol{x})\, dx$$

とおき,これらの時間微分を

(3.51) $$\boldsymbol{\mathcal{V}}(\boldsymbol{x}) = \lim_{\delta_t \to 0} \frac{1}{\delta_t} \boldsymbol{a}(\boldsymbol{x}, \delta_t), \quad D(\boldsymbol{x}) = \lim_{\delta_t \to 0} \frac{1}{2\delta_t} b(\boldsymbol{x}, \delta_t)$$

と書く(ここで $\boldsymbol{x}_0$ を $\boldsymbol{x}$ に書き換えた).推移確率密度 $p(t, \boldsymbol{x}_0, \boldsymbol{x})$ 自身は,これらを係数として含む発展方程式

(3.52) $$\frac{\partial}{\partial t} p + \nabla \cdot (\boldsymbol{\mathcal{V}} p) = \Delta(Dp)$$

によって支配される(微分作用素は $\boldsymbol{x}$ に関しての微分である;ノート 3.5 参照).これを〈コルモゴロフ方程式〉と呼ぶ.

推移確率密度 $p(t, \boldsymbol{x}_0, \boldsymbol{x})$ は出発点 $\boldsymbol{x}_0$ を変数として記憶しているが,時刻 t における瞬間の観測では,ある点 $\boldsymbol{x}$ に存在する粒子の密度,すなわち分布関数 $f(\boldsymbol{x}, t)$ が問題となる.適当に初期分布 $g(\boldsymbol{x}_0)$ を与え

(3.53) $$f(\boldsymbol{x}, t) = N \int p(t, \boldsymbol{x}_0, \boldsymbol{x})\, dx_0$$

とおく((3.30)参照).分布関数 $f(\boldsymbol{x}, t)$ を支配する方程式は(3.52)の両辺に $g(\boldsymbol{x}_0)$ を掛けて $\boldsymbol{x}_0$ に関して積分すれば求められる(係数 $\boldsymbol{\mathcal{V}}$, D は $\boldsymbol{x}_0$ を含まないから):

(3.54) $$\frac{\partial}{\partial t} f + \nabla \cdot (\boldsymbol{\mathcal{V}} f) = \Delta(Df).$$

これを〈フォッカー–プランク(Fokker-Planck)方程式〉と呼ぶ.

係数 D は変位の標準偏差,すなわち確率的な広がりに関係する量であることがわかる.D を〈拡散係数〉と呼ぶ.拡散係数が係った2階の空間微分を含む偏微分方程式を一般に〈拡散方程式〉と呼ぶ.

第2章で現れた集団運動方程式(2.63)やノート 2.3 でみた種々の波動方程式と比較すると,拡散方程式(3.54)では時間微分と空間微分の階数が異なっていることが特徴である.2階の空間微分を導入する拡散係数 D は,微分方程式の性質を根本的に変化させる.この数学的な構造変化は,物理的にも重

要な意味をもつ．時間に関する〈不可逆性(irreversibility)〉である．偏微分方程式が，たかだか1階微分 $\partial/\partial t$ と $\partial/\partial x_j$ のみを含むならば，時間の反転($t\to -t$)と同時に空間を反転させる($x_j\to -x_j$)と，もとの方程式と同型になる．これが時間反転可能性であり，物理的には可逆な運動を意味する．しかし，拡散方程式は時間反転不可能である．上記と同様の変換をおこなうと空間について2階微分の項だけ $D\to -D$ と置き換えなくてはならない．拡散係数 D は，標準偏差から定義された量であるから，明らかに非負でなくてはならない．数学的には，$D<0$ の場合，(3.54)は「解けない方程式」であることが知られている．このことは直観的にも明らかであろう．確率過程は情報が散逸してゆく過程である(第3.2.3項および3.2.4項参照)．時間をさかのぼるということは，失われた情報を取り戻すことを意味するから不可能なのだ[*13]．

　フォッカー–プランク方程式(3.54)において〈決定論〉の極限がヴラゾフ方程式(3.50)に帰着することを確認しておく．ただし，ヴラゾフ方程式自体が，統計的に平均化された相互作用を含むハミルトニアン $\overline{H}_\mu$ を考えているので，純粋に力学的な決定論という意味ではない．この $\overline{H}_\mu$ によってテスト粒子の〈軌道〉を決定するという意味である．$\boldsymbol{x}_0$ から出発した粒子は時刻 t で軌道上の1点 $\boldsymbol{x}(t)$ に存在することが正確に予測されるとしよう．このとき

$$p(t,\boldsymbol{x}_0,\boldsymbol{x}) = \delta(\boldsymbol{x}-\boldsymbol{x}(t))$$

と表される．$\overline{H}_\mu$ をハミルトニアンとする運動方程式を $d\boldsymbol{x}/dt=\boldsymbol{V}$ と書いたとき，微小時間 δ_t に対して

$$p(\delta_t,\boldsymbol{x}_0,\boldsymbol{x}) = \delta(\boldsymbol{x}-\boldsymbol{x}_0-\boldsymbol{V}\delta_t).$$

これから $\boldsymbol{\mathcal{V}}=\boldsymbol{V}$，$D=0$ を得る．したがって(3.54)は形式的に

$$\frac{\partial}{\partial t}f + \nabla\cdot(\boldsymbol{V}f) = 0$$

となる．リューヴィルの定理(ノート2.4参照)により $\nabla\cdot\boldsymbol{V}=0$ であるから，

[*13] 拡散方程式の時間反転(時間をさかのぼるように解くこと)を〈逆問題〉という．これは数学的に〈不適切(ill-posed)問題〉といわれる典型例であるが，その意味において，すなわち，失われた情報を「推定」する問題として重要な研究課題である．

これは

(3.55) $$\frac{\partial}{\partial t}f+(\boldsymbol{V}\cdot\nabla)f=0$$

と書き換えられる．(3.55)はヴラゾフ方程式(3.50)に他ならない．

◇―◇―◇―◇―◇―◇―◇―◇―◇―◇―◇―◇―◇

ノート 3.1（アトラクター） 状態空間を X とし，t をパラメタとする連続写像 T_t によって表現される力学系を考える．点 $\hat{\boldsymbol{x}}\in X$ を時刻 $t=0$ で通過する軌道は $\boldsymbol{x}(\hat{\boldsymbol{x}},t)=T_t(\hat{\boldsymbol{x}})$ $(t\in\mathbb{R})$ と表される（ここでは，$t<0$ に対しても T_t が定義されているとする）．時刻 $t=0$ で開集合 $\Omega\subset X$ に属する点は，時刻 t においては開集合 $T_t(\Omega)=\{T_t(\hat{\boldsymbol{x}});\ \hat{\boldsymbol{x}}\in\Omega\}$ へ移る．

A は状態空間の中の閉集合とする．A に含まれる任意の点を通過するすべての軌道（$t\geqq 0$ だけでなく，$t<0$（過去）の運動も含めて）は A の外に出ることがないとする．すなわち，$T_t(A)\subseteq A$．このとき，A は〈不変集合(invariant set)〉であるという．A を含む開集合 B で次の 2 つの条件をみたすものが存在するとき，A をアトラクターという．

(1) 任意の $t\geqq 0$ に対して，$T_t(B)\subseteq B$．
(2) A の任意の開近傍 Ω に対して，十分大きな τ をとれば，$t\geqq\tau$ に対して $T_t(B)\subseteq\Omega$．

この条件をみたす B の和集合を〈吸収集合(basin)〉という．

A が不変集合であることから，$A\subseteq T_t(B)$ $(\forall t\geqq 0)$，つまり $T_t(B)$ は A 以下に縮まない．条件(2)より $\bigcap_{t\geqq 0}T_t(B)=A$ であることがわかる． □

ノート 3.2（無限次元空間における秩序とカオス） 線形系でも自由度が大きいと複雑な現象が起こる．とくに無限次元の世界（ノート 1.1 およびノート 2.2 参照）には無限の多様さが棲む．

力学理論において秩序は〈分解〉によって見出される（第 2.5 節参照）．目にみえる現象は複雑でも，互いに独立な運動の〈モード〉に分解できれば可積分である．線形系では，分解，積分そして再構成が，それぞれ固有値問題（スペクトル分解），指数法則そして線形和として定式化される．有限次元であれば，これらはいずれも単純である（第 2.3.2 項参照）．しかし，自由度が無限である場合，無限個の単純運動の重ね合わせは，本当に単純といえるのであろうか？ ここでも「無限ということの落とし穴」に気をつけなくてはならない．無限次元では，可積分ということは，必ずしも現象としての単純さを意味しない．〈量子カオス(quantum chaos)〉あるいはさらに一般化して「波の世界のカオス」として研究されているのは，無限次元の状態空間に現れるカオスであり，これにはいくつかの異なった考え方がある．

3 複雑系に向きあう科学

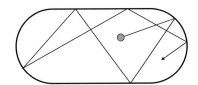

図 3.6 シナイ・ビリヤード(Sinai billiard)と呼ばれるカオスの運動の例．ミクロのテーブルで電子のボールを考えると，量子論の効果が現れて波動関数の干渉パターンが現れるはずである．あるいは，このような断面の空洞(キャビティー)に閉じ込められる電磁波を考えてもよい．

第2.4項では，可積分という概念で秩序を定義した．これは運動の自由度だけ保存則を知ることができることを意味する．自由度が有限であれば，これで問題はないが，無限自由度の場合には次のことが疑問として提起される．無限次元空間の全体を張ることができる独立な保存量が存在することを理論的に証明できたとしても，その無限個の保存量を実際にどうやって計算するのかという問題，実際に保存量がわかったとしても，それからどうやって実際の運動を構築し(無限和の極限を計算し)未来が予想できるのかという問題である．無限和を計算するには，極限にいたる一定の規則がないと，極限の値について予測ができない．たとえばコーシーの収束判定条件をみたすことが示されれば，極限値が「存在すること」は保証される．しかし，その無限和によって表される運動の具体的な性質まで知ろうとするならば，各項についてさらに詳細な構造がわかっていなくてはならない．

シュレディンガー方程式はフォン・ノイマンの定理によってスペクトル分解可能である(ノート2.2参照)．生成作用素(ハミルトン作用素)が固有値(点スペクトル)のみによって完全に分解できる場合には，この無限次元系の運動は，独立な(互いに直交する)調和振動子に分解できる．それぞれの調和振動子のエネルギーと初期振動位相が運動の保存量である((2.94)でみた例を参照)．したがって，このような系は〈可積分〉である．

しかし，実際にスペクトル分解を実行することは一般的に困難である．数学的な定理として示されているのは，固有値問題を解いて無限個の固有値と固有関数をみつければ運動を積分できるという「保証」であって，実際にこれを実行するには，一般的には無限の計算が必要である．固有値の分布，固有関数の構造に，たとえば等差あるいは等比数列のような「秩序」があれば，いちいち計算をしなくても「無限」が理解できる．しかし，一般的にはそうはいかないのである．

たとえば〈シナイ(Sinai)・ビリヤード〉と呼ばれる問題を考えてみよう．スタジアム型の領域 Ω を考え(図3.6)この境界 $\partial\Omega$ は無限に高いフェンスで覆われているとする．Ω 内に1個の粒子を置いて運動させると古典力学ではビリヤードのようなイメージになる．これはカオスの簡単なモデルとして知られている．この系を

量子力学で記述すると，運動(波動関数によって記述される)は調和振動する無限個の波の重ね合わせで記述される．それぞれの波の周波数はハミルトン作用素の固有値によって与えられるのだが，固有値の分布をみると，そこに規則性を見出すことができない．したがって，波動関数は無数の不規則な振動数を含む関数となる．

多くの物理学者は，量子力学におけるカオスの表象を「ハミルトン作用素のスペクトルの分布における複雑さ」に見出そうとしている．古典力学の極限(アイコナール近似)でカオスとなる運動は，量子力学の世界ではスペクトルの分布が不規則であろうという予測である[*14].

スペクトル理論の立場からは，点スペクトルによって分解される波は〈可積分〉であり，これを「カオス」ということには違和感がある．しかし，連続スペクトルをもつ系では，カオスを論ずることに困難はない．状態空間(関数空間)の自由度を網羅するために，点スペクトルだけでは足りず，連続スペクトルに属する部分空間を考えなくてはならない場合である(ノート2.2参照)．物理的には，点スペクトルは，ポテンシャル場によって束縛され空間的に局在化した波動関数(定在波)のエネルギー準位を表す．これに対して，連続スペクトルは，空間に無限に広がった非束縛の波動関数を表す．連続スペクトルに属する自由度は，定常的な振動では表せない過渡的な運動を表現するものである．そこに「真の動態」が現れ得る．

量子力学の生成作用素(ハミルトン作用素)は自己共役作用素でなくてはならないが，さらに一般の波動現象を記述する発展方程式では，非自己共役の生成作用素が現れる．有限次元線形空間の一般作用素はジョルダン標準形に還元でき，運動が積分できる(第2.3.3項参照)．しかし無限次元になると，このような標準形に還元する一般的な理論がなく，運動を〈分解〉する手だてがない．線形であっても，無限次元の非自己共役系については，一般的なことは未だほとんどわかっていないのである． □

ノート3.3 (ウィーナー過程)　水に浮かんだ花粉が不規則に運動することを観察した植物学者ブラウン(R. Brown; 1773-1858)に因んで，確率過程として表される運動をブラウン運動という．数学的な基礎は，次のような〈ウィーナー(Wiener)過程〉と呼ばれる確率過程の理論によって与えられる．状態空間を $\mathbb{R}^n$ とする．$\mathbb{R}^n$ における運動のサンプル $\boldsymbol{x}(t)$ が次の条件をみたすとする．

(1) $t_0<t_1<\cdots<t_N$ である任意の時刻 t_ℓ について，$\boldsymbol{x}(t_\ell)-\boldsymbol{x}(t_{\ell-1})$ ($\ell=1,\cdots,N$)は互いに独立な確率変数である．

(2) ベクトル $\boldsymbol{x}(t)$ の各成分 $x_j(t)$ ($j=1,\cdots,n$)は，それぞれ独立な確率過程であり，$x_j(t)-x_j(s)$ は平均が0の正規分布($\propto e^{-|x_j(t)-x_j(s)|^2/2|t-s|}$)となる．

このようなサンプルの集合をウィーナー過程という．

[*14] 中村勝弘，『量子物理学におけるカオス』，岩波書店，1998，F. Haake, *Quantum signature of chaos* (2nd Ed.), Springer-Verlag, 2000.

ウィーナー過程に含まれる運動のサンプル $x(t)$ は連続であるが，いたるところ連続微分不可能である．したがって，任意の時刻 s の状態は，少しでも未来の時刻 $t\ (>s)$ における状態と相関をもたない(上記の条件(1))．このような運動を引き起こす〈力〉を，あえて表現するとランダムな衝撃力となる．これが(3.15)における G である．(3.15)には，別の通常の力 F が含まれており，この影響でウィーナー過程が変形した，より広いクラスの不規則運動が得られる．ブラウン運動は，F として摩擦力 $-cq'$ (c は摩擦係数を表す正の定数)を与えたモデル(オルンシュタイン-ウーレンベック(Ornstein-Uhlenbeck)過程という)で説明される(ノート3.6参照)． □

ノート3.4(エントロピー)　H定理の証明(第3.2.3項)において，H関数(3.24)の特徴として必要だったのは「$h(p)$は下に凸である」という事実だけだ．実際，平衡状態において等重率の原理を得るには，H関数は必ずしも(3.24)の形にとらなくてもよい．そうだとすると，変分原理(3.33)において用いる汎関数に任意性が生じて，平衡分布(3.34)は一意的に定められないことになる．しかし，Γ-空間における等重率の原理(組み合わせの数 W の最大化)と整合させるためには，H関数は W と関連するものでなくてはならず，この要請から $h(p)=p\log p$ でなくてはならないことがわかる．ただし，(3.37)で対数をとって $\log W$ とするのは次の理由による．

多粒子系 C を考える．あるマクロな物理量 F^C は，C に含まれる各粒子の物理量を「たし合わせた量」であるとする．C を部分系 A と B に分割したとしよう．このとき，F^C は各部分系に対してたし合わせた値 F^A および F^B と

$$(3.56) \qquad F^C = F^A + F^B$$

なる関係をみたさなくてはならない．なぜなら，これらは系に含まれる粒子がもつ物理量をたし合わせた量であるから．このような物理量を〈示容変数(extensive variable)〉という．粒子数やエネルギーなどが，この例である((3.31)，(3.32)参照)．一方，系を部分に分割するという仮想行為は，場合の数(状態の組み合わせ総数)に対しては〈積〉への分解をもたらす．ここで場合の数とは，系 C, A, B に含まれる粒子がとり得る状態の総数の意味である．これを W^C, W^A および W^B と書こう．このとき

$$(3.57) \qquad W^C = W^A \cdot W^B$$

という関係が成り立つ．変分原理(3.37)に現れる関数は，粒子数やエネルギーと同様に示容変数でなくてはならない．したがって，積を和へ変換する関数，すなわち対数関数によって $\log W$ とし，これを変分原理に用いるのである．温度とエネルギーの次元をあわせるためにボルツマン定数 $k_B = 1.38 \times 10^{-23}$ J/K を係数としてかけ((3.35)参照)，

$$(3.58) \qquad S = k_{\mathrm{B}} \log W$$

とおいたものをエントロピーという．変分原理(3.37)はエントロピーを最大にする分布をみつけることを意味する． □

ノート 3.5 (コルモゴロフ(フォッカー-プランク)方程式) 推移確率に関する〈因果律〉すなわちチャップマン-コルモゴロフの等式(3.18)からコルモゴロフ方程式(3.52)が導かれる．簡単のために，空間次元が1の場合について計算する．状態変数を x ($\in \mathbb{R}$) とし，時間 t で x_0 から x へ推移する確率密度を $p(t, x_0, x)$ と書く．任意の滑らかな関数 $\varphi(x)$ を考える ($\varphi(x) \neq 0$ となる x は有限な区間に含まれるとする)．$\varphi(x)$ の「期待値」を

$$\langle \varphi \rangle (t) = \int \varphi(x) p(t, x_0, x) \, dx$$

と定義する．$\langle \varphi \rangle (t)$ の時間変化は

$$(3.59) \qquad \frac{d}{dt} \langle \varphi \rangle (t) = \int \varphi(x) \frac{\partial}{\partial t} p(t, x_0, x) \, dx$$
$$= \lim_{\delta_t \to 0} \frac{1}{\delta_t} \int \varphi(x) \left[p(t+\delta_t, x_0, x) \, dx - p(t, x_0, x) \, dx \right]$$

と計算される．この右辺は，チャップマン-コルモゴロフの等式(3.18)を用いると，

$$(3.60) \qquad \lim_{\delta_t \to 0} \frac{1}{\delta_t} \left[\int \varphi(x) \int p(t, x_0, y) p(\delta_t, y, x) \, dy dx - \int \varphi(x) p(t, x_0, x) \, dx \right]$$

と書き直される．$\varphi(x)$ をテイラー級数展開し2次の項までとると，(3.60)をさらに次のように書き直すことができる:

$$(3.61) \qquad \lim_{\delta_t \to 0} \frac{1}{\delta_t} \int \left(\varphi'(y) a(y, \delta_t) + \varphi''(y) \frac{b(y, \delta_t)}{2} \right) p(t, x_0, y) \, dy.$$

ただし

$$a(y, \delta_t) = \int (x-y) p(\delta_t, y, x) \, dx, \qquad b(y, \delta_t) = \int (x-y)^2 p(\delta_t, y, x) \, dx$$

とおいた．これらの時間微分をそれぞれ $\mathcal{V}(y)$, $D(y)$ と書くと ((3.51)参照)，(3.61)は

$$(3.62) \qquad \int [\varphi'(y) \mathcal{V}(y) + \varphi''(y) D(y)] p(t, x_0, y) \, dy$$

と表される．y について部分積分をおこなうと

$$\int \left\{ -\frac{\partial}{\partial y} [\mathcal{V}(y) p(t, x_0, y)] + \frac{\partial^2}{\partial y^2} [D(y) p(t, x_0, y)] \right\} \varphi(y) \, dy$$

を得る．y を x と書き直して(3.59)の右辺に等置する．$\varphi(x)$ は任意であるから，

3 複雑系に向きあう科学

結局

$$(3.63) \quad \frac{\partial}{\partial t}p + \frac{\partial}{\partial x}[\mathcal{V}(x)p] = \frac{\partial^2}{\partial x^2}[D(x)p]$$

がみたされねばならない．各座標について同様な計算をおこなうことにより多次元の場合に拡張すると(3.52)を得る．

確率過程を記述する方程式としてコルモゴロフ方程式が妥当であるのは，状態の推移がその平均値 $a(y, \delta_t)$ と標準偏差 $b(y, \delta_t)$ によって十分表現できる場合に限られる．逆にいうと，ランダムな衝撃力(揺動力)とは，この条件をみたす確率過程を微分したものである(ノート3.3参照)．　　　　　　　　　　　　　　　　　　□

ノート3.6(定常解としてのギブス分布) 第3.2.4項では，エントロピーを最大(H関数を最小)とする確率分布としてギブス分布(3.34)を導いた．これは，3.3.3項で導いた推移確率密度の発展方程式，すなわちフォッカー–プランク方程式の〈平衡解〉であるはずだ．このことをたしかめておこう．

簡単のために空間は1次元とする．テスト粒子は，多数の粒子とランダムに衝突して速度 v が変化する．このランダムな運動がランジュヴァン方程式

$$(3.64) \quad m\frac{d}{dt}v = -Cv + G(t)$$

にしたがうとする((3.15)参照)．C (>0) は摩擦係数，$G(t)$ は揺動力である．摩擦力を考えるというのがポイントである．物理的なイメージとしては，テスト粒子が多くの粒子と衝突するうちにエネルギーを失って止まろうとする傾向を表す．揺動力 G のみを与えていると，粒子の速度は v の軸上でランダムに動き，その運動範囲は際限なく大きくなる．つまり，最高速度は，どんどん大きくなる．これを 0 へ引き戻そうという力，すなわち摩擦力とがバランスして平衡状態ができるだろうという考えである．

(3.64)に対応するフォッカー–プランク方程式は

$$(3.65) \quad \frac{\partial}{\partial t}f = \frac{\partial}{\partial v}(avf) + \frac{\partial}{\partial v}\left(D\frac{\partial}{\partial v}f\right)$$

となる．ただし $a=C/m$ とおいた．$\langle G(t)\rangle=0$, $\langle G(t_1)G(t_2)\rangle=2m^2D\delta(t_1-t_2)$ とした(⟨ ⟩ はアンサンブル平均を表す)．(3.65)の定常解は

$$f(v) = \sqrt{\frac{a}{2\pi D}} e^{-av^2/(2D)}$$

と与えられる．これを(3.34)と比較すると $\beta^{-1}=k_\mathrm{B}T=mD/a$ なる関係を得る．これは，揺動力の強さ D と平衡分布の温度 T の関係を与えるものであり〈アインシュタイン(Einstein)の関係〉と呼ばれる．

(3.64)を集団運動のモデル(第3.3.2項参照)と比較すると，粒子に働く力が摩擦力だけというのは甚だ簡単な場合であることに気づく．さまざまな多体系(重力

相互作用によって運動する銀河や電磁相互作用によって運動するプラズマ)では，自己場によって起こる複雑な力が作用する．そのような系には，多様な構造が生みだされ得るのである． □

4 ミクロとマクロの連接

　マクロな系に対して，その膨大なデータを網羅しても，必ずしも現象の深い理解につながらない．これまでの科学は，マクロな系を要素に分解し，ミクロな仮想的世界に普遍性を求めてきた．しかし，要素を連結しなおしてマクロな系を再構成すること，その多様性を理解することは極めて困難である．マクロな系というリアリティーは，どのようにして科学の対象になるだろうか？　観測者・記述者は，ある主題をもってリアリティーに向き合っている．私たちは，いろいろな主題を選ぶことができる．主題の設定を変えれば，現象の見え方が違ってくる．このような「見え方の多様性」こそが複雑性の本質だといえよう．大雑把（マクロ）な見方から微細（ミクロ）な見方まで，いろいろな観測スケールの〈階層(hierarchy)〉を定義することができる．階層の概念におけるミクロやマクロは，要素の結合や分解ではなく，観測・記述の基準である．マクロな像とミクロな像は必ずしも独立ではない．階層の連関は非線形性によって生みだされる．その原理とメカニズムを分析しよう．

4.1 構造とは何か

4.1.1 階層を縦断する現象

　蝶が羽ばたくと，その微かな風が大気の運動を微妙に変化させ，結果として竜巻を引き起こす可能性がある．これを〈バタフライ・エフェクト(butterfly effect)〉という．いわゆる〈カオス〉の効果——わずかな条件の違いが結果（ある程度時間が経過した後の状態）に大きな違いを生み出す可能性(第 3.1 節参照)——を説明するために，誰かがいいだしたレトリックである．いうまでも

なく荒唐無稽だ．しかし，いくつか分析に値するところがある．

もちろん，大気を「切断」することができない以上，ミクロな部分のわずかな変動がマクロな運動に与える影響を厳密に0だということはできない．しかし，蝶の羽ばたきのパワーと竜巻のパワーを比べれば（15桁あるいはそれ以上の隔たりはあるだろう），蝶が竜巻の「主たる原因」を構成するはずがないことは明らかだ．竜巻が起こる原因の第一に考察しなくてはならないのは，そのエネルギーの起源であろう．まずマクロなスケールでの大気の温度差が巨大な積乱雲を生み，その中で起こる大きな渦運動から局所化した強い渦にエネルギーが集中するプロセスである．そして，竜巻の運動とは，巨大なスケールからのエネルギー集中，竜巻の中および周辺の複雑な気流，ミクロな渦への分解や雨滴の生成など，極めて広い〈スケール階層〉を縦断するさまざまな現象の「束」なのである．ひとつの原因からひとつの結果が生まれるという一元的な因果関係によって竜巻を描写し理解することはできない．たしかに〈カオス〉の理論は，複数の要因が複雑に絡み合う「束」を構成することによって——規則をもたない「組み紐（braid）」をイメージするとよいだろう——原因と結果を関連づけることが極めて困難になることを指摘しているのだが（第2.4節参照），そのレトリックとして蝶と竜巻を結びつけようとするならば，そこにはひとつの重要なテーマが見落とされている．すなわち，スケール階層を縦断する可能性についての考察である．

一般にスケールの隔たりを克服することは容易ではない．それを可能にするのは「構造」だ．小さな変化が「トリガー」となって重大な事態にいたる「現象の連鎖」を〈シンドローム〉という（第1.1.2項参照）．これが起こるためには，スケール階層を縦断する「巧みな通路」が構造化されている必要がある．

トリガーといったので，ピストルのことを例として考えてみよう．指が引き金（trigger）を引く力はわずかなものだ．それが撃鉄の急峻な運動を生みだす巧みな構造がピストルには仕組まれている．撃鉄に打たれる銃弾には，火薬が詰めてあり，衝撃によって爆発すると，銃弾を発射する．この一連の「メカニズム」が機能して，小さなパワーで多大なダメージが生じる．このように人工物には，その設計者の意図を実現するような「構造」が仕組まれていて，エネルギーや時間，あるいは空間のスケールの隔たりが連結される．この仕組みは

予定通りに作動すべきであるが，複雑なシステムでは，ときとして予測に反した(予測を超える)現象も起こる．たとえばチャイナ・シンドロームだ．

シンドロームを可能にする特異な構造——階層を縦断する逃走線——は，誰かの意図によって作られたものではなく，偶然的であり，また潜在的である．いわば，カオス的な組み紐の中に隠されている複雑な通路である．さらに一般的には，シンドロームのような「因果関係」を構成するとも限らないさまざまな断層がスケール階層を縦断する——竜巻の正しいイメージは，このようなものだろう．

4.1.2 階層の連関と構造

私たちの世界は，多数の〈要素(element)〉が結合して構成された〈系(system)〉だと考えることができる．要素を〈ミクロ〉とするなら，要素の集団である系は〈マクロ〉である．系の内部には，いろいろなスケールの部分系があり，小さな部分系は大きな部分系の要素だと考えることができる．こうしてスケールの〈階層〉が定義される．

「階層」という言葉が暗示するように，スケールの階層という概念は，異なるスケールから切断された，独立的な抽象的平面を想定するものである．ある階層のモデルでは，よりマクロあるいはミクロの階層との連関は，いくつかの〈パラメタ〉に抽象化されている．たとえば，惑星の運動モデルを考えるとき，ひとつの惑星は固有の質量(=ミクロスケールの総和)をもつ〈質点〉によって表象され，惑星内部の諸現象は捨象されている．また惑星をとりまく宇宙の大規模な構造(たとえば太陽からの引力)は〈重力場〉として惑星の運動に作用すると考える．このような階層化が可能な場合は，たしかに無撞着に閉じたモデルの世界を描くことができる．しかし，一般にこのような階層の切断が可能なわけではない．異なる階層との連関をパラメタに繰り込むことができるとは限らないのである．

惑星の運動は，〈和〉によって粗視化された粒子として表現できるが，たとえば生物の運動は，その重心に作用する力で決定されるというような単純なものではない．生体を構成する分子，細胞，組織というさまざまな階層間の複雑な連関によって，生物は運動する．細胞の構造や機能は，それを構成する分子

の粒子数や全エネルギーなど〈和〉で計算される物理量を調べて記述できるものではない．同時に，組織，個体，環境という上位階層から常に影響を受けている．小さなスケールでの現象が大きなスケールの現象にどのように影響しているのか，あるいは逆に大きなスケールが小さなスケールにどのような作用を与えるのかを調べなくては，生物の運動は理解できないのである．

ミクロとマクロの関連づけが難しいという事態は，単純な和（たし算）が機能しないときに起こる．すなわち〈非線形〉ということだ．たとえば，人と人とが協力して大きな成果を得るとき「1+1は2でない」というレトリックが用いられる．一般に，要素から集団が構成されるとき，単純な総和によって集団の特性を理解することはできない．集団の機能は要素の数に比例しないのだ．

第3.3節で指摘したように，要素を〈和〉によって総合しただけで〈系〉の性質を理解することができないのは——すなわち，階層が豊かな連関を保つのは——不均一性，すなわち〈構造〉があるときである．

たとえば，多数の分子で構成されるさまざまな物質を考えてみよう．容器の中に封じ込めた気体の場合であれば，ミクロの階層では，気体分子のランダムな運動がみえるはずだ．このとき，マクロの階層まで「もち上げられる」のは，単純な加算量である気体分子の総質量と総エネルギーである．このほかのミクロな情報（個々の気体分子の運動や状態に関する情報）は，マクロの階層（「気体」という記述）では消えてしまう．たとえば，1つの気体分子がある方向に運動したとする．膨大な数の分子の中には，これと逆方向に運動して，その運動量をうち消すものがあるであろう．したがって，気体としてのマクロな性質には，その（目に見えない）構成要素である1分子が，どのように運動したかは表れ出ない．気体を構成する分子の大数性と無秩序によって，個々の粒子運動の個別的な特性はうち消されてしまうのである．このような場合は，気体分子の総質量と総エネルギーの関係など，総量（あるは平均値）で表されるマクロな変数の間で法則を見出すことができる（第3.2節参照）．

しかし，ミクロの階層に構造が組織されると，平均値は十分に機能しない．上記の生命体の場合が，その典型例である．細胞，組織，個体，集団といういくつもの階層には，それぞれの〈構造〉があり，構造によってマクロはミクロの単純な総和ではなく（和は個別性を差し引きゼロにする演算である），さまざ

まな「機能」を実現する．また逆に，ミクロはマクロの機能(たとえば循環系)によって構造を形成・保持する．

　機能という概念と結びつけることで，〈構造〉という言葉から，私たちはまず生物の組織・器官・身体を想像する．これに対して，物理の世界の構造は，生命とはまったく異なる原理——それは，社会の秩序形成にも共通するような——に基づいて形成あるいは進化する．構造を定めるのは，プログラム(DNAに書き込まれた設計図)ではなく，要素間の素朴な，しかし極めて大きな自由度をもつ〈相互作用〉である．1つの要素(粒子)の運動は時空間上に定義された〈場〉という関数によって支配されていると考えるのだが，この場は要素の集団が「共和的」に決定するものである．つまり，運動が場を生み，場が運動を変えるという回帰的連関が構成される．この連関の無撞着性は，どのような構造的秩序を意味するのか？　まったく無秩序な混沌こそ自然の姿だという考え方もあるだろう(第3.2節参照)．たしかに，ランダムな運動と無構造な(一様な)場は，いわゆるエントロピー最大の「自明な平衡状態」を与える．しかし，宇宙にはさまざまな構造があり進化がある．たとえば，銀河の美しい渦巻き構造の多様性．これは星たちや星間ガスが，集団的に構成する重力場の中で集団的に運動する様子をみせているのである．なんらプログラムもなく，予定された目的もないのに，相互作用の無限な可能性の中から無撞着性を探りあてる，この自然の営みが物理の世界の構造形成である．ここでも，構造＝不均一性こそが〈集団現象〉の本質である(第3.3節参照)．〈和〉によるマクロ化では理解が及ばない非線形の世界にこそ，真に豊かな現象が生起する．

4.2　トポロジー——差異を見定めるための体系

4.2.1　トポロジーとは

　現実世界の諸現象は，精度を上げて観察すればするほど，個別的な複雑性が表面化する．そこで，個別性をうまく取り除いて「普遍的な性質」を抽出したいと科学者は考える——この〈抽象化〉のプロセスを〈トポロジー(topology)〉という概念によって説明しよう．

　幾何学でトポロジーとは，形を相対化してみることの数学的表現である．た

図 4.1 ひもの「絡み」のトポロジー.

とえば,1つのしなやかな「ひも」の形状を考えてみよう(図 4.1).これが直線あるいは円であるというのは理想化された極限である.ひもをテーブルの上に投げ出したとして,そこに現れる曲線は,真の直線や円などではない.現実の曲線は,正確に記述しようとすればするほど個別的な複雑性をもつ.それぞれの厳密な形状を特定して名指しても,そこから意味がある理論は生まれない.私たちが関心をもてる特徴は,ひもは端をもつのか,あるいは両端がつながってループを作っているのか,絡んだループなのか,捩れているのか,などである.もし,端がなく,絡み,捩れがないループであるならば,その形状は〈円〉と同じ性質をもつものとして分類される.この性質は,ひもを何度テーブルに投げ出しても不変である.それを変えるには,ひもを切って繋ぎ変えなくてはならない.このように,幾何学的構造を相対化して分類することで,普遍性をもつ「差異」の体系が作られる.これがトポロジーである.

ひもの形状の分類は,最も直観的なトポロジーの例であるが,これを一般化して任意の次元をもつ曲線(たとえば軌道)や曲面(たとえば,ある法則のグラフ)などの相対的な性質を記述する概念を導くことができるだろう.

第2章で述べた〈保存則〉は,状態の変化(変形)に対して不変な性質という意味で「トポロジーを特徴づける法則」ということができる.運動の過程で関数 $\phi(\bm{x})$ が保存される場合(第 2.4.1 項参照),ひもの絡み数が保存されるというのと同じように,$\phi(\bm{x})$ は力学的状態のトポロジーを特徴づける量であるということができる.状態の変化 $\bm{x}(t)$ に対して $\phi(\bm{x}(t))=$一定であるということは,運動にトポロジカルな制限が課されているという意味であり,ひもが繋ぎ変われないという制限にたとえて理解することができる.

「ひも」のような連続体は無限の自由度をもつ.多数の要素によって構成される集団でも自由度は極めて高くなる.このような高自由度の系に関しては,

むしろ少数の普遍的保存則を知ることが重要である．絡み数のような保存量は「ひも」の微細形状の個別性・複雑性を捨象した普遍的構造を抽出している．これと同じように，高自由度系がもつわずかな数の保存量は，個別性を脱した普遍的な性質を表象している．保存則は，個別的な運動の具体形を知らずに(初期値問題の解を具体的に計算することなく)導かれる先験的(a priori)な法則であるからだ．複雑な運動を考えるとき，ひとつひとつの解のふるまいには依存しない，普遍的な理解が重要になる．保存則は，運動方程式そのものの構造に由来する法則であり，現象の普遍的な特徴を表現するものといえるのである．

4.2.2 スケールの階層とトポロジー

前項では，幾何学的な形状を例として，トポロジーについて説明したが，ここではさらに広い意味を考えておきたい．

言葉として，トポロジーとは「トポスの学」を指す．トポスは「場」を意味する．「場」において現象が観察され，科学が展開する．正確にいうと，現象という客体に対して私たちの関心が向けられるときトポスが設定される．その設定のしかたは，主体である私たちが選択するものだ．たとえば，ひもの形状のどこに関心をもつか，何を差異の基準として分類するかという選択である．複雑性のなかから普遍性を抽出するためには，何を主題(subject)とするトポスを選択すればよいか？ 主題はトポスの設定に従属(subject)しているのだ．

数量的科学においては，トポスを規定する基準は〈計量〉の基底(単位系)である(第1.3.1項参照)．すなわち，注目する〈スケール〉を選択することから現象の記述と分析が始まる．注目するスケールとは，単に座標軸に目盛られた「尺度」の単位というだけではなく，現象を観察する「精度」の基準という意味がある．2つの状態を区別するか同一視するかは，観測の精度によって決まる．差異の基準という意味で，ひもの形状を分類する基準がトポロジーだというのと同じである．

線形空間におかれた直線や平面——すなわち線形法則の幾何学的表現——は，スケールを変えても直線や平面のままだ(数学的に抽象化された図形であ

るから).しかし,非線形(あるいは無限次元)のとき,スケールの選択は本質的にものの見え方を変える[*1].小さいスケールまで比較する高精度のトポスと,小さいスケールの差は無視する粗い精度のトポスは,異なるスケールの〈階層〉を定義する.異なる階層を支配する法則は,一般的には異なるものであろう.たとえば,マクロには連続的な物体とみえる水の運動は流体力学の法則で記述されるが,ミクロの階層では H_2O という分子のばらばらの運動がみえるはずである.

見方(測り方)によっていくらでも変化する奇妙な(しかし,実は自然な)非線形オブジェクトを次項で紹介しよう.

4.2.3 フラクタル——スケールの凝縮体

自然誌の写真などをみていて,奇妙な錯覚に陥ることがある.岩石の断面や地層の断面に現れるさまざまな縞模様,せせらぎ,大河,さらに海流がむすぶ渦,植物の根や動物の血管,海岸線やひび割れた物体の界面など,そのものの「大きさ」を写真だけからは推測しかねることが多い.巨大な断層の写真と思ったものが小さな石の断面であったり,干上がりかけた水溜りの残痕かと思ったものが海岸線の衛星写真であったりという具合である.自然から切り取られてきたこれらの「部分」のイメージは,物差しなどを比較対象として併置するか,あるいは説明文でスケールを明示するかしなくては,大きさがわからない.大きさを錯覚する理由は,多くの場合,そのものを知らない(今までみたことがない)からではなく,いろいろなスケールで「相似」な構造が現れるからである.

比較的簡単な数理モデルよって,いろいろなスケールにわたる相似な構造を生成することができる.代表的な例をみておこう.

2次元空間の中で,最初に長さ L_0 であった直線を,次々に折り曲げながら引き伸ばしてゆくプロセスを考える(図4.2).このプロセスを無限に繰り返したときできる曲線(折れ線)を〈コッホ(Koch)曲線〉と呼ぶ.

[*1] 第2章では,座標変換によってものの見方を変え,秩序を見出そうとする試みを論じたのだが,本章では〈スケール〉を変えると見え方が変わるということが主題である.無限次元では何が問題になるのかについては,ノート4.1参照.

4.2 トポロジー

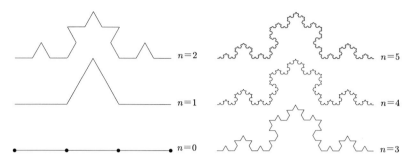

図 4.2 コッホ曲線の生成.

折り曲げ操作をおこなった回数を整数 n で表そう. n 回の操作をおこなったとき, 曲線の全長を L_n, 折り曲げで作られる最小単位の長さを ℓ_n と書くことにする. 1 回の操作で曲線の長さは 4/3 倍, 最小単位の長さは 1/3 倍になるから

(4.1) $$L_n = (4/3)^n L_0, \quad \ell_n = (1/3)^n L_0$$

である. このプロセスを無限に続けると, 曲線の全長 L_n は無限大となり, 最小単位長 ℓ_n は 0 となる.

コッホ曲線はすべてのスケール $\ell_0 \, (=L_0), \, \ell_1, \, \ell_2, \cdots$ に相似な構造をもつ. したがって, その任意の部分を拡大して図示したとき, どのスケールで描かれたものであるのか判断ができない. このような「ごちゃごちゃ」とした形象を一般に〈フラクタル (fractal)〉と呼ぶ.

コッホ曲線をつくるプロセスが, 多階層にわたる相似性を作る理由は, 逐次に新しい(小さな)スケールの構造を生成し, しかも古い(大きな)スケールの構造をほぼ保つように変形を進めるからである. 古い構造を完全に変形してしまう場合, 多階層に共時的な相似構造が作られることはない. 保存と変形の調和によって, フラクタルの複雑性が生みだされるのである.

コッホ曲線を例として, フラクタルを普遍性と複雑性に腑分けすることを説明しよう. (4.1) の第 2 式を使って $n = \log_3(L_0/\ell_n)$ と表して, これを第 1 式に用いると

163

と書くことができる．右辺第1項 L_0^p は n に依存しない不変な成分であり，$n\to\infty$ で「発散する成分」，すなわち第2項 ℓ_n^{1-p} から分離されている．

発散する成分については，その発散のしかたを測ることによって複雑さを評価するひとつの指数が定義される．(4.2)を次のように書き換えてみよう．

$$(4.3) \qquad L_n = \ell_n N \quad \left(N = L_0^p \ell_n^{-p}\right).$$

この式の意味は，スケール ℓ_n を〈単位〉にして L_n を測ったときの数値が N だということである((1.7)参照)．単位長 ℓ_n が0の極限で N を発散させる指数が $p=\ln 4/\ln 3$ である．

この指数 p は，次のような意味をもつ．コッホ曲線に長さ ε の「ものさし」をあて，端から端まで何回でさし渡せるか(N)を数えて長さを測ったとしよう．この測り方は，スケールの単位 ε より小さな変動は無視してしまう——それより小さな「ごちゃごちゃ」は，「長さ」を測るとき認知しないという「トポス」を設定している．無限回折り曲げ操作をしたコッホ曲線に対して $\varepsilon=\ell_n$ と選んで測量を行ったとしよう．ε よりも小さなスケールの変動は無視されるので，(4.3)と同じように，さし渡し数

$$(4.4) \qquad N = L_0^p \varepsilon^{-p}$$

を得る．コッホ曲線は「測り方(トポスの設定)によって長さが違う曲線」だということができる．指数 p は，スケール長 ε を基準とした「測定値」の発散の強さを示す指数である．

指数 p を〈フラクタル次元〉という．「次元」と呼ぶ理由を説明する必要があろう．私たちは，通常の図形は整数の次元をもつと直観的に理解しているのだが，そもそも図形の次元とは何だろうか？　たとえば，一枚の紙片が2次元の物体であるということは(厚みは無視しよう)，次のような考察によって明証的となる．d を整数として，d 次元の小さな矩形セルを考える(1次元の場合は直線，2次元の場合は正方形，3次元の場合は立方体，…)．スケール長を ε とすると，セルの容量は ε^d である．紙片を「被い尽くす」ためには $d\geqq 2$ と

しなくてはならない．このように，ある図形を被い尽くすことができるセルの次元 d を〈埋めこみ次元(embedding dimension)〉という．さて，紙片に対して $d=3$ と選び(紙片を3次元空間の中にはめこんでおき)，これを実際に被い尽くすために必要なセルの数 N を数える．スケール長 ε を十分小さくしたとき，セルを縦と横に配列する必要があるので

$$N \propto \varepsilon^{-2}$$

である．ここに現れた指数2こそ紙片の次元である．一般化していうと，ある図形の次元とは，埋めこみ次元 d のセル(スケール長を ε とする)によって図形を被い尽くすために必要なセルの数 N とスケール長 ε の関係から

$$(4.5) \qquad p = -\lim_{\varepsilon \to 0} \frac{\ln N}{\ln \varepsilon}$$

により定められる．(4.5)を(4.4)と比べるとフラクタル次元が通常の図形の次元の一般化であることがわかる(コッホ曲線をスケール長 ε の矩形セルで被ったとすればよい)[*2]．

4.3 現象のスケール／法則のスケール

4.3.1 法則の記述とスケールの選択

フラクタルに関する議論のなかで，次のことが明らかになった——私たちは，ある現象を認知し記述するとき，常にそれを観察するスケールを選択しなくてはならず，記述される現象の姿は選択されたスケールに依存する[*3]．つまり「客観」と称するものの前提にスケールの選択という主観的な操作を必要としている．フラクタルの図形をみたとき，私たちが不思議な感覚に陥るのは，前提とした(予想した)スケールが実際とずれていても気づかないという「錯

[*2] 厳密にいうと，(4.5)の極限は常に存在するとは限らない．数学的には，図形の非整数次元を定義するためには測度(measure)の概念に基づく〈ハウスドルフ(Hausdorff)次元〉を用いる方が違和感が少ない．これは常に厳密に定義できる量であるが，実際に値を評価するのが一般に容易でないことが欠点である．F. Morgan: *Geometric measure theory—a beginners's guide*, Academic Press, London, 1988 を参照．

[*3] コッホ曲線は，それにあてる「物差しのスケール」によって違った長さを示すのであった．

覚」のためである.

フラクタルは,錯覚を起こすことで,私たちの認知・記述にスケールの予断が介在することを暴露しているのだが,本節で重要なポイントは,フラクタルという特殊な事例を離れても,数理モデルは常にスケールの選択を必要とするという根本的な認識構造である.一般的には,注目するスケールを変えると,様相は一変する.したがって,現象を記述する〈モデル〉も変わる.数理モデルの場合は,それを構成する各項の大きさ(あるいは数学的表現も)が変化する[*4].方程式に現れるすべての変数や定数は,ある〈基準値〉をもとに数値化されているからである.基準値を設定するということが,注目するスケールの選択を意味する.1つのモデルは,1つの〈スケール階層〉を記述するものだと考えなくてはならない.

数理モデルにおける「スケールの選択」——前節の言葉を使えば「トポスの設定」——は,法則に関与する変数の〈規格化(normalization)〉によってなされる.具体的な例をみながら,このことを詳しく説明しよう.

時刻を t,位置を $\boldsymbol{x}$ により表す.「基準値」として,任意の時間 T と長さ L を選んで

$$(4.6) \qquad \check{t} = \frac{t}{T}, \quad \check{\boldsymbol{x}} = \frac{\boldsymbol{x}}{L}$$

とおく.これを規格化という.ˇを付けた変数は「無次元」である[*5].時間と距離の次元は,それぞれ基準値 T と L が担っているからだ.$\check{t}$ は T を単位として表した時間の数値,$\check{\boldsymbol{x}}$ は L を単位とする長さの数値を与える.このように,〈規格化〉とは,ある基準値を〈単位(unit)〉として定め,変数を数値化することである(第1.3.1項参照).

[*4] フラクタルの特殊性,すなわち注目するスケールを変えても様相が変わらないということが起こるのは,それを支配する法則(数理モデル)が,スケールの変換に対して一定の不変性をもつことを意味する.このことについては第4.3.3項で議論する.

[*5] ここでいう「次元」とは,変数の物理的な単位(時間についての[秒]や長さについての[m]など)のことである.状態空間の「次元」すなわちベクトルを構成する変数の数,あるいは物体の幾何学的次元(第4.2.3項参照)とは異なる概念である.それぞれの量の単位ごとに固有の次元をもつが,物理学があつかう量の単位は「基本単位」に分解することができる.基本単位は,「時間」,「長さ」および「質量」,「電荷(電流)」などから構成される.たとえば,「速度」の単位は「長さ」/「時間」の単位と等価である.

しかし，ここでは〈規格化〉ということに対して，ただ任意に単位を定めるということ以上の意味を与える．それは，規格化された変数が，おおむね1程度の大きさ(1のオーダー)の数値をとるように「単位を選ぶ」ということである．このとき，変数の規格化は「スケールの選択」を意味する．単位を定めるための「基準値」は，私たちが注目するスケールの「代表値」となるのである．

たとえば，代表値 L を1mに選ぶと $\tilde{x}$ はメートルの単位で測られた長さである．物理学で標準的に用いられる「MKS単位系」とは，長さを1メートル(m)，重さを1キログラム(Kg)，時間を1秒(s)で規格化する単位系であるが，これらはもちろん私たちの日常的世界のスケール(ヒトの身体的なスケール)に合わせたものである．つまり，日常的な現象を記述しようとしたとき，$\tilde{t}$ や $\tilde{x}$ は1のオーダーになる(たとえば人は1秒間に1メートル程度歩くということ)．私たちが現象を観測し記述するスケールを選ぶということは，規格化されたいろいろな変数が，それぞれおおむね1のオーダーになるような代表値を単位として選ぶということに他ならない．

フラクタルを例として説明したように，ものの大きさを「測る」という概念は，どのスケールに注目して「測る」のかを定義しなくては成立しない．このことは，自然界，日常的世界においても常に注意すべきことである．たとえば，地図上で距離を測るという場合，ご近所の家までの距離なのか(メートルのスケール)，週末のハイキングの距離なのか(キロメートル)，東京とニューヨークの距離なのか(100キロメートル)，それぞれの場合に使う地図は違ったスケールで描かれたものだ．「東京・ニューヨーク間の距離」といったとき，メートルのスケールでこれを定義すること自体意味がない．地図のスケール(縮尺)は，関心のある主題——すなわち「トポス」——に応じて定義された〈階層〉を表象しているのである[*6]．

規格化のしかたによって現象の記述，法則の表現がどのように変わるのかをみよう．まず例として，簡単な波の伝播

[*6] 第4.2節で述べたように，トポロジーとは差異を定義する体系であり，数量化された変数の空間(ベクトル空間)においては，トポロジーは〈距離〉というスケールによって定義されるのであった．

4 ミクロとマクロの連接

(4.7) $$u(x,t) = u_0(x-Vt)$$

と，それを支配する線形の波動方程式（偏微分方程式）

(4.8) $$\frac{\partial}{\partial t}u + V\frac{\partial}{\partial x}u = 0$$

を考える（(2.63)参照）．V（正の定数とする）は波が伝播する速度を表す．$u_0(x)$ は $t=0$ における波形であり，この波は形を変えずに一定の速度 V で伝播する．まず，適当に L と T を選び，独立変数 x および t を(4.6)によって規格化してみよう．同時に従属変数（波動関数）u も，その代表値 U を選んで $\check{u}=u/U$ と書いて規格化する．これらの規格化された変数を用いて(4.7)および(4.8)を書き直す．波の伝播は，初期条件を $\check{u}_0(\check{x})=u_0(x/L)/U$ とおいて，

(4.9) $$\check{u}(\check{x},\check{t}) = \check{u}_0(\check{x}-\check{V}\check{t})$$

と表現される．波動方程式は

(4.10) $$\frac{\partial}{\partial \check{t}}\check{u} + \check{V}\frac{\partial}{\partial \check{x}}\check{u} = 0$$

と変換される．ここで，波の伝播速度を表す V も，速度の次元をもつ代表値 L/T によって規格化されている：

(4.11) $$\check{V} = \left(\frac{T}{L}\right)V.$$

さて，T と L は，私たちが関心を向ける時空間のスケールである．これらは「観測対象」である $u(x,t)$ が体現するスケールに合わせて選ぶべきである．すなわち，L と T は，空間と時間で，それぞれ $u(x,t)$ が有意に変動するスケールとする．たとえば，(4.7)で $u_0(x-Vt)=U\sin[2\pi(x-Vt)/\lambda]$ とし，波長が λ の〈正弦波〉を考える場合，空間スケール L は波長 λ 程度，時間スケール T は振動周期 λ/V 程度に選ぶ．すなわち，L,T および V は

(4.12) $$L = VT$$

の関係をみたすように選んだことになる．このとき，$\partial\check{u}/\partial\check{x}$ および $\partial\check{u}/\partial\check{t}$ は1のオーダーとなる．また，(4.11)より，$\check{V}$ も1のオーダーとなる．したが

って，規格化された波動方程式(4.10)の第1項，第2項ともに1のオーダーとなり，2つの項のバランスが成立するのである．

そうでない規格化を選択するとどうなるだろうか？ もし時間のスケール T を非常に小さく選んで $L/T \gg |V|$ とすると $\check{V} \approx 0$ となる．この場合，$\check{u}(\check{x}, \check{t})$ を時空間の想定領域(すなわち代表値 T および L でスケールされる範囲)で観測すると，時間に関する変動がみえない(((4.10)は $\partial \check{u}/\partial \check{t} \approx 0$ となる)．逆に空間スケール L を小さくしすぎると空間に関する変動がみえなくなる(((4.10)は $\partial \check{u}/\partial \check{x} \approx 0$ となる)．これらは，関心と現象のミスマッチだ．関心は，実在する対象にこそ，すなわち $u(x, t)$ が体現しているスケールにこそ向けられるべきなのである．

4.3.2 階層の分離

前項で検討した例(4.8)では，時間変動(第1項)と空間変動(第2項)が一義的に関係づけられており，現象は時空間で唯一のスケールの関係(4.12)をもっていた．しかし一般的には，複数の要因が現象を支配し，それぞれが異なるスケール階層に異なる構造を生み出す．ここでは，そのような例を観察し，スケール階層がどのように分離されるのかを解析しよう．

波動方程式(4.8)に高次の微分項(拡散項という)を加えた方程式

$$(4.13) \quad \frac{\partial}{\partial t} u + V \frac{\partial}{\partial x} u - D \frac{\partial^2}{\partial x^2} u = 0$$

を考える(D は正の定数)．偏微分方程式の理論では，最高階微分の項が方程式の骨格を決める．時間について1階，空間について2階の偏微分方程式(4.13)は拡散方程式に分類される[*7]．(4.8)の場合と同様に規格化すると

$$(4.14) \quad \frac{\partial}{\partial \check{t}} \check{u} + \check{V} \frac{\partial}{\partial \check{x}} \check{u} - \check{D} \frac{\partial^2}{\partial \check{x}^2} \check{u} = 0.$$

ただし，

[*7] 波動方程式(4.8)に対しては一般解(4.7)を与えることができた．ここでは，一般解を簡単に与えるわけにはいかないが，特解として，たとえば $u(x, t) = a \exp[ik(x - Vt) - Dk^2 t]$ がある(a および k は実定数)．拡散を表す項 $-D \partial^2 u/\partial x^2$ のために，減衰 $\exp(-Dk^2 t)$ が起こる．一般解は，これを k に関して積分して与えられる．

$$(4.15) \qquad \check{V} = \left(\frac{T}{L}\right)V, \quad \check{D} = \left(\frac{T}{L^2}\right)D.$$

ここでも，L と T は観測対象である $u(x,t)$ が変動する空間および時間のスケールに合わせて選ぶ（したがって，$\partial \check{u}/\partial \check{t}$, $\partial \check{u}/\partial \check{x}$, $\partial^2 \check{u}/\partial \check{x}^2$ すべてが1のオーダーとなる）．

前の例と違って，今度は時間変動(第1項)を生み出す要因が2つ(第2項と第3項)ある．それぞれの強さを規定する係数 V と D——これらを〈スケールパラメタ〉と呼ぼう——に応じて，状況は異なる．$V \gg D/L$ である場合には(T をどう選ぼうとも)，(4.14)左辺の第3項は第2項に比べて非常に小さな値しかもたない．したがって，$u(x,t)$ の運動は第1項と第2項のバランスによって支配される．この場合，$T=L/V$ と選ぶことで，それぞれ1のオーダーに規格化される．逆に，$V \ll D/L$ である場合には(T をどう選ぼうとも)，(4.14)左辺の第3項が第2項に卓越する．この場合は，$T=L^2/D$ と選んで規格化すると，第1項と第3項が，それぞれオーダー1の項として，バランスを構成する．

ここで，第2項と第3項の強弱関係を決めるのは，それぞれのスケールパラメタ V, D だけではなく，観測対象 $u(x,t)$ の空間スケール L も関与する((4.15)に示したように，規格化したスケールパラメタ $\check{V}, \check{D}$ は L を含む)ことに注意しよう．このことによって，各項のバランス関係は，やや複雑な意味をもつようになる．上記の議論では，先に L を固定し，V, D の大小関係で場合分けしたが，今度は V, D を固定して考えてみよう．すると，$L \gg D/L$ である場合には第2項が卓越し，逆に $L \ll D/L$ である場合には第3項が卓越することがわかる．L は注目している現象の空間スケールだ．起きている「現象」によって，それを支配する要因が異なるのである．

以上の観察を抽象化して述べておこう．変数の〈規格化〉は，現象の見え方，法則の表象(representation)を根本的に支配する．たとえば，法則が3つの異なる要因 A, B, C の間のバランス関係として，方程式

$$(4.16) \qquad A+B+C=0$$

で表現されているならば，各項 A, B および C がおおむね同じオーダー(1の

4.3 現象のスケール/法則のスケール

オーダーに揃えられる)となるように変数が規格化されていなくてはならない.もし C の項のみ桁違いに小さいならば,法則(4.16)は $A+B=0$ に退化してしまう.あるスケールにおいて法則が(4.16)の形に書けていて,別のスケールでは C の項が落ちる,さらに別のスケールでは B の項が落ちるということがありえる.このとき,異なるスケールの階層で,法則が(現象の見え方が)異なるのである.

もちろん,法則を(4.16)の形に書いたとき,各項 A, B, C は,同じ「次元」をもっていなくてはならない.たとえば,(4.13)の例で,変数 u がある次元 $[\mu]$ をもつ物理量であるとするならば,各項は $[\mu/T]$ の次元をもつ.基準値(単位)を $T \to T' = \alpha T$, $L \to L' = \beta L$, $\mu \to \mu' = \gamma\mu$ と変換したとき,すべての項は同じ係数 α/γ で除され,項のバランスは変化しないように思われる.では,規格化を変えると,項のバランスが変わるというのは,どういうことか?

それは,最初に注意したように,〈規格化〉が単に単位を定めるということではなく,〈スケール〉を規定するからである.注目する変数(上記の例では,独立変数 $\tilde{t}$, $\tilde{x}$ および従属変数 $\tilde{u}$)が 1 のオーダーをもつようにする,というのがスケールを規定するという意味であった.スケールを変換するときは,変えた基準値(代表値)に対して注目する変数が 1 のオーダーをもつと仮定する.このとき,各項に含まれるスケールパラメタ(上記の例では $\tilde{V}$ や $\tilde{D}$)の方は,大きさが変化する.各項において,注目する変数群とスケールパラメタとの間で,次元が分配されるのだが,この分配がスケールパラメタごとに異なるために,スケールを変換したときスケールパラメタの変化はそれぞれ異なる.つまり,規格化のスケールを変えると変化するのは,スケールパラメタである.たとえば,(4.15)の場合,スケールパラメタは $\tilde{V} \to \tilde{V}/(\beta/\alpha)$, $\tilde{D} \to \tilde{D}/(\beta^2/\alpha)$ と変換される.他の独立変数,従属変数はすべて 1 のオーダーだと考えるのだから,結局スケールパラメタの規格化をみれば,各項のバランスがわかる.これに対して,注目するスケールは変えずに,単に単位を変換するという場合は,t, x, u が不変で,$\tilde{t}, \tilde{x}, \tilde{u}$ が $\tilde{x}/\alpha$, $\tilde{t}/\beta$, $\tilde{u}/\gamma$ と変換しなくてはならない.スケールパラメタの変化と合成すると,すべての項が同じ倍率だけ変化することになるのである.

ここでは,スケールパラメタによって階層が「分離される」ことをみた.し

かし，この形式的な分離は，「関心を向けるスケール」を前提としていることに注意しよう．観察，記述，法則の分析の前提として，特定のスケールを「選択」するとき，私たちは他のスケールに存在する可能性がある現象や構造を「捨象」している．注目されざる階層の影響——いわば主観と客観の齟齬——を問題にするならば，異なる要因が複合する法則の分析は，より慎重な考察を必要とする．本項で例として考えた複合要因の問題(4.16)は線形であったから，階層の「分離」がうまくいったといえる．非線形の問題では，階層は自発的に連関を生みだす．項を改めて，階層の連関ということについて議論していこう．

4.3.3 スケールを選ぶ自然——そのメカニズムとしての非線形

これまでに述べた例(4.8)あるいは(4.13)は〈線形系〉であったために，注目すべきスケールは比較的簡単に決まった．スケールパラメタの評価(4.11)あるいは(4.15)に介入するのは〈独立変数〉のスケール(LとT)のみであり，〈従属変数〉のスケール(U)は無関係だからである．

しかし，非線形系では，スケールは従属変数=未知変数の大きさに依存して変化し，先験的には決められない．いわば，自然がスケールが選ぶ．簡単な例をみよう．

Vがu自身である非線形偏微分方程式

$$(4.17) \qquad \frac{\partial}{\partial t}u + u\frac{\partial}{\partial x}u = 0$$

を考えよう．時間，長さおよび未知変数u(速度の次元をもつ)のスケールT，LおよびUを

$$(4.18) \qquad L = UT$$

の関係が成り立つように選ぶと，(4.17)は規格化されて

$$(4.19) \qquad \frac{\partial}{\partial \tilde{t}}\tilde{u} + \tilde{u}\frac{\partial}{\partial \tilde{x}}\tilde{u} = 0$$

と書き直される．スケールの代表値に関する関係式(4.18)は未知変数uのスケールUを含むことに注意しよう．たとえば，私たちが現象を観測しようと

する空間スケールLを固定すると,未知変数uの大きさによって現象の時間スケールTが変化するのだ.線形系(4.8)に対するスケールの選択(4.12)と比較されたい.

規格化した方程式(4.19)は元の方程式(4.17)とまったく同型である.このことは,非線形方程式(4.17)が関係式(4.18)をみたすスケール変換($t\to\tilde{t}$, $x\to\tilde{x}$, $u\to\tilde{u}$)について「不変」であることを意味する.線形方程式(4.8)の場合には,t, xのスケールT, Lを変えると,uのスケールUをどのように調整しようとも,スケールパラメタ$\tilde{V}$が変化するので,方程式を不変にすることはできない.非線形方程式(4.17)では,Vがuで置き換えられたために,スケールパラメタがなくなっている.このために〈スケール不変性(scale invariance)〉が生まれたのである(前項で注意したように,スケール変換で変化するのは〈スケールパラメタ〉だからだ).

スケール不変性とは,「固有のスケール」をもたないことだということもできる.線形系は,常に「比例定数」に相当するスケールパラメタをもち,これが先験的に——すなわち,方程式を解いてみるまでもなく,方程式に含まれる係数(スケールパラメタ)をみれば直ちに推測できる——「固有のスケール」を規定している.これに対して,ここでみた非線形系の例では,比例定数を未知変数で置き換えたことによって,スケールパラメタが失われ,スケール不変性が生まれたのである.

非線形の世界に現れたスケール不変性は,スケールの階層間にある〈相似性(similarity)〉の数学的な表現に他ならない.あるスケールT, L, Uの階層で起こる現象とまったく相似な現象が別のスケール$\alpha T, \beta L, (\beta/\alpha)U$ ($\forall \alpha, \beta$ (>0))の階層においても起こり得るのである.第4.3.1項で指摘しておいたように,フラクタル(第4.2.3項)という奇妙な構造は,スケールを変換しても見え方が変わらない(したがって,どのスケール階層にいるのかわからなくなる)という相似性をもつ.このような構造を生み出すプロセスは,スケール不変性をもつはずである.実際,第4.2.3項でみたコッホ曲線の生成プロセスは,スケールに無関係に同じ操作を繰り返すというものであった(微分方程式で表される連続的な運動ではなく,逐次的なプロセスであるが).流体の運動方程式は(4.17)と同じようなスケール不変性をもつのだが,このために,流体の乱

流にはフラクタル的な構造が生まれることが知られている．この問題については，第 4.4 節で議論する．

4.3.4 特異点——スケールをめぐる現象と法則の齟齬

スケールは自然が選ぶ——これを可能にしているのが〈非線形〉という構造であることをみてきた(第 4.3.3 項)．一方で，スケールは，私たちが現象を観察するために選択する主観的な「尺度」でもある(第 4.3.1 項)．「スケール」という言葉がもつ，この両義性は，現象を記述し分析しようとする私たちの主観と，現象そのもの(客体)との間に深刻な齟齬(ミスマッチ)が生じる可能性を暗示している．この齟齬は，極限的には，〈特異点(singularity)〉という数学的な構造となって顕在化する．

特異点とは，関数の変動(微分係数)が発散する(定義できない)ところである[*8]．関数 $f(x)$ の変動を与える x のスケール L は，

$$(4.20) \qquad L = \frac{|f(x)| \text{の代表値}}{|df(x)/dx| \text{の代表値}}$$

と見積もられる．特異点の近傍では，$|df(x)/dx|$ が発散するので，スケール L は 0 に収縮する．0 は，いくら拡大しても 0 である．その意味で，特異点は〈スケール不変性〉の特異な形態だということができよう．このことから，特異点が生成されるとすれば，その生成メカニズムは，スケール不変な法則によって支配されるはずだと予測できる．

まず，簡単な非線形モデル(4.17)を用いて，特異点が生成される様子をみよう．第 4.3.3 項で述べたように，非線形方程式(4.17)はスケール不変であり，特定のスケールをもたない．そのために，無限に小さなスケールを生成することができるのである．初期分布を

$$(4.21) \qquad u_0(x) = \begin{cases} -a & (x \leq -1), \\ ax & (-1 < x < 1), \\ a & (1 \leq x) \end{cases}$$

[*8] たとえば，階段関数 $f(x)=0\ (x \leq 0)$，$=1\ (x>0)$ に対して $x=0$．あるいは，複素数 z の関数 $f(z)=z^{-1}$ に対して $z=0$．

4.3 現象のスケール／法則のスケール

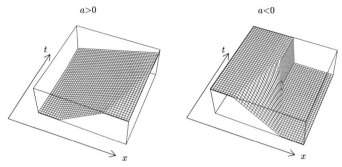

図 4.3 膨張する解 ($a>0$) と収縮する解 ($a<0$). 非線形系ではスケールが自発的に変化する. $a<0$ の場合は有限な時間 ($-1/a$) でスケール長が 0 となり衝撃波が発生する.

としてみよう．ただし，a は 1 のオーダーの実定数とする．このとき (4.17) の解は

$$(4.22) \quad u(x,t) = \begin{cases} -a & (x \leqq -1-at), \\ ax/(1+at) & (-1-at < x < 1+at), \\ a & (1+at \leqq x) \end{cases}$$

と与えられる (代入して検証されたい). ただし $a<0$ である場合は $t<-1/a$ とする.

図 4.3 に解 (4.22) の振る舞いを示す．パラメタ a の符号によって 2 つの場合に区別される．a が正である場合，$u(x,t)$ は時間とともに平坦化する．一方，a が負である場合，$u(x,t)$ の傾斜部は時間とともに急峻化し $t=-1/a$ にいたると $x=0$ で傾きが発散する．ここで微分方程式 (4.17) は破綻する ($u(x,t)$ は x について微分不可能となる). これは〈衝撃波 (shock)〉の生成を表す (ノート 4.3 参照).

(4.22) をみると，$u(x,t)$ が変動する長さのスケールは $1+at$ 程度であるから，解のスケールが時間とともに変化してゆくことがわかる．初期分布の構造を特徴づけるパラメタ a によってスケール長は伸びたり縮んだりする．$a<0$

である場合には，有限な時間 $-1/a$ でスケール長は 0 にいたるのである[*9]．

　非線形性が引き起こすスケールの自律的な変化は，しばしば無限に小さなスケールをもつ変動を作ろうとする．その極限として〈特異点〉が生成されると，モデルが破綻する（微分係数が評価できなくなる）．特異点は 0 に収縮したスケールを表象するものだが，現象を厳密に観察すれば——私たちが「選択」したスケールに固執して現象をみるのではなく，自然が自ら生み出そうとする小さなスケールの構造を注視するならば——スケールは 0 に潰れたりせず，ある有限なミクロスケールの構造があるはずだ．現象に応じて，私たちの注目すべきスケールを変更しなくてはならないのである．

　このように「スケールに関する視点の変更」で現出すべきミクロの効果は，法則の中にどのように仕組まれているのか？　それは，マクロではみえず，ミクロになるとみえてくる〈項〉として，法則の中に存在すべきである．そのような項を〈特異摂動（singular perturbation）〉という．次節では，非線形項と特異摂動項の協働によって生じる階層の連関について考察する．

4.4　階層の連関と複雑性

4.4.1　複雑性——見方によって見え方が違う構造

　「複雑」という言葉には，見方（主観）によって見え方（客観）が変わるという「多面性」が含意されている．さまざまに対立する二項の混在を複雑性といってもよかろう．秩序と無秩序，静と動，リズムとカオス．もっと情緒的な領域では，美と醜，善と悪，信と擬．これらが同一物に混在し，さまざまな見方に対して予測不可能に虚像を結ぶとき，私たちは，その得体が知れないもの，あるいは無限にずれてゆく二項の境界を「複雑（complex）」だと表現する．

　私たちがここで注目するのは，自然界あるいは社会においてしばしば現れる，〈秩序（構造）〉と〈無秩序（乱れ）〉の混在態である．完全な秩序も，完全な

[*9] 有限な時間ということが重要である．これは非線形性がなくては不可能である．線形系の振る舞いは基本的に指数法則にしたがうものであり（第 2.3.2 項参照），どのような量も有限値から始まって発散する（あるいは 0 になる）ためには無限の時間がかかる（特異点は形成されない）．

4.4 階層の連関と複雑性

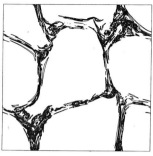

図 4.4 プラズマの構造形成の数値シミュレーション．左図は流れのポテンシャル(ハミルトニアン)の等高線を表す．大きな渦構造をもつ磁場が形成される．右図は渦度の等高線を表す．D. Biskamp, H. Welter: "Dynamics of Decaying Two-Dimensional Magnetohydrodynamic Turbulences", *Phys. Fluids* B **1** (1989), pp.1964-1979 から引用．

無秩序(ランダム)も，両極端の「単純性」である．決して，無秩序が複雑なのではなく，無秩序と秩序が混在することこそが複雑なのだ．

　図4.4をみよう．これは，ある数理モデルに基づいた数値シミュレーションで描かれた〈渦〉の構造である．私たちが，ここで「構造」と呼んで分析しようとしているのは，たとえばこのような，秩序と無秩序の中間的な状態である．この図には，「同じ対象」を二通りに観察した像が示されている．左図は秩序に寄り，右図は無秩序に寄っている．左図は〈ポテンシャル〉と呼ばれる量の分布であり，等高線は，ある「流れ」を表すベクトル場の流線を表す．区分され配列された領域は，たがいに逆向きに回転する渦である．右図は〈渦度〉と呼ばれる量の分布を示す．渦度はポテンシャルのラプラシアン(2階微分係数)に相当する．したがって，渦度は小さなスケールの構造，ポテンシャルは大きなスケールの構造を表現している．小さなスケールの階層には無秩序が，大きなスケールの階層には秩序が，それぞれ共時的に形成されているのである．

　この図のように，秩序と無秩序は階層を棲み分けることで共存しようとするのだが，階層の分離(第4.3.2項)は，非線形性のためにしばしば不可能となる(第4.3.3項)．階層の連関は〈構造〉を媒介として生じる．構造を作ろうとするのが非線形性であり，構造のディテールを決定するのが特異摂動である——私たちは，秩序と無秩序の混在態を「連関する階層」というモデルで説

明しようとしているのであるが，その一般的な原理として，非線形性と特異摂動の協働があることを明らかにしたい．第4.3.4項で分析したように，非線形性は時空間で極限的に局在化した〈隙間〉を生み出そうとする．スケール不変なモデルに固執していると(収縮しようとするスケールを無視して，マクロな階層に留まっていると)，隙間の幅は0に収縮するようにみえて，隙間は〈特異点〉となる．しかし，ミクロスケールの効果を〈特異摂動〉として考慮すると，〈隙間〉の中にミクロな現象が息づいているのがみえてくるのである．

図4.4は，このことを如実に示している．マクロな秩序すなわち異なる符号をもつ渦の配列の〈隙間〉に無秩序な乱れが形成されているのである．隙間は，あらかじめ存在する構造ではなく，諸変数の変動が非線形的に増大することで自発的に生み出される．階層に対する断層――異なるスケールの連接点――が〈隙間〉という局所的な構造なのである．

隙間を有限な「領域」として存続させる(スケールが0に潰れて〈特異点〉になってしまうのを妨げる)効果，すなわち〈特異摂動〉という概念について，まだ具体的な説明をしていない．次項で，その数学的な構造と働きを説明しよう．

4.4.2　特異摂動

第4.3節では，スケールの階層と法則表現の関係を抽象的な方程式(4.16)を用いて説明した．法則を構成する各項は，注目するスケールを変えると，それぞれに大きさが変わる．〈特異摂動〉を与える項は，大きなスケールでは小さく，小さなスケールになると大きくなり他の項と協働を始める，という性質をもつはずである．具体的な例を挙げて，特異摂動の働きを解析してみよう．

抽象的な方程式(4.16)の簡単な具体化として，線形微分方程式

$$(4.23) \qquad \varepsilon \frac{d^2}{dt^2} u - i \frac{d}{dt} u + \omega u = 0$$

を考えよう．これは，あるマクロなスケールで規格化された方程式だとし，記号を簡単にするために，規格化を表す記号 ˜ を省略する．ω は1のオーダーの実定数，ε は正の小さな定数($0 < \varepsilon \ll 1$)とする．

$\varepsilon = 0$ の場合には，(4.23)は1階の微分方程式

$$\text{(4.24)} \qquad -i\frac{d}{dt}u + \omega u = 0$$

になる．(4.24)に対して，小さな係数 ε を含む項 $\varepsilon d^2 u/dt^2$ が〈摂動(perturbation)〉として付け加わったものが(4.23)だという関係である．この摂動項のために，方程式の性質が根本的に変わる．つまり1階微分方程式(4.24)が2階微分方程式(4.23)になる．このように方程式の微分階数(微分方程式の根本構造)を変化させるような摂動を〈特異摂動〉という．

　線形方程式(4.23)は簡単に解けるのだが，ここでは特異摂動の作用をみるために，次のような数学的実験をおこなう．まず小さなパラメタ ε を0と近似して摂動項を無視する．(4.24)を解いて調和振動

$$\text{(4.25)} \qquad u(t) = u_0(t) = ae^{-i\omega t}$$

を得る(a は初期値を表す複素定数)．時間 t が ω^{-1} のオーダーで変化すると，$u_0(t)$ は目にみえて変化する．したがって $u_0(t)$ は，時間スケールが $\omega^{-1}(\approx 1)$ の階層にある．

　一方，ε を有限な値として残すと，$u_0(t)$ とは異なる時間スケールの階層に別の解が現れる．これをみるためには，時間スケールを変換するとよい．$\tau = t/\varepsilon$ と規格化しよう．ε は小さなパラメタであるから，τ は間隔を引き延ばした(ε を単位として測った)時間を表す変数である．この τ を用いて(4.23)を書き直すと

$$\text{(4.26)} \qquad \frac{d^2}{d\tau^2}u - i\frac{d}{d\tau}u + \varepsilon\omega u = 0$$

となる．微小パラメタ ε は左辺第3項へ乗り移った．ここで ε が十分小さいとして $\varepsilon\omega u$ を無視すると，(4.26)の解は

$$\text{(4.27)} \qquad u(t) \approx u_\varepsilon(\tau) = be^{i\tau} + c \ \left(= be^{it/\varepsilon} + c\right)$$

と近似できる(b, c は定数)．$u_\varepsilon(\tau)$ は時間スケールが ε の階層にある運動である(ただし，$u_\varepsilon(\tau)$ に含まれる定数 c は，$u_0(t)$ のゆっくりした運動が定数としてみえているものである)．この微視的スケールの階層こそ，特異摂動によって生成されたトポスである．

4 ミクロとマクロの連接

線形方程式(4.23)は解析的に解くことができるので，2つの階層における近似解 $u_0(t)$, $u_\varepsilon(\tau)$ と厳密解を比較しておこう．定数係数の常微分方程式であるから，解は指数関数の線形結合で与えられる．$u(t)=\alpha e^{-i\lambda t}$ とおいて(4.23)に代入すると $\varepsilon\lambda^2+\lambda-\omega=0$ が要求される．これを解いて2つの時定数

$$(4.28) \qquad \lambda_\pm = \frac{1}{2\varepsilon}\left(-1\pm\sqrt{1+4\varepsilon\omega}\right)$$

が得られる．したがって，(4.23)の厳密な解は

$$(4.29) \qquad u(t) = \alpha_+ e^{-i\lambda_+ t}+\alpha_- e^{-i\lambda_- t}$$

と与えられる（$\alpha_\pm$ は2つの振動の初期値を表す定数）．$\varepsilon\ll 1$ であるから，$\varepsilon\lambda_\pm$ を ε についてテイラー級数展開して1次までとると

$$(4.30) \qquad \lambda_+ \approx \omega, \quad \lambda_- \approx -(\omega+\varepsilon^{-1})$$

という2つの時定数が得られる．$u_0(t)$ および $u_\varepsilon(\tau)$ は，これら2つの近似時定数をもつ運動であることがわかる（前記のように，$u_\varepsilon(\tau)$ では，1のオーダーの時定数 ω をもつ振動 $e^{-\varepsilon\omega\tau}$ を定数 c で近似している）．

この簡単な線形系において，2つの階層は基本的に「独立」である．このことは，厳密解(4.29)をみれば明らかだ．2つの時定数 $\lambda_\pm$ をもつ運動は，それぞれ独立に与えられる初期値 α_+ と α_- によって決まる調和振動である．ただし，オーダー ε の階層では，オーダー1の階層の運動が定数 c として観測される（(4.27)参照）．あたかもオーダー1の階層から「影響」を受けているようにみえるが，この c と b は独立に選べる定数であるから，運動は独立である．逆に，オーダー1の階層では，微小時間の運動がまったくみえない．時間スケールが1のオーダーであるという前提（トポスの選択）によって，微小時間の運動（$\alpha_- e^{-i\lambda_- t}$）が捨象されたからである．方程式(4.23)において特異摂動項 $\varepsilon d^2 u/dt^2$ を無視するという近似は，係数 ε が小さいというだけではだめで，$d^2 u/dt^2$ が du/dt や ωu と比べて大きくないということを前提としている．これは，時間スケールが1以上のオーダーであることを意味する．したがって，特異摂動を無視した(4.24)を解くと，微小時間の運動が取り除かれるのである．

以上の計算から，特異摂動は，これを特徴づけるパラメタ ε によって指定される微小スケール（今の場合，時間スケール ε）の階層を形成することがわかった．特異摂動は，さらにもうひとつの，逆向きの効果をもつことについて述べておかねばならない．

近似解 (4.25) を厳密解 $\alpha_+ e^{-i\lambda_+ t}$ と比較すると，時定数にわずかな「ずれ」があることに気づく．この誤差は，オーダー 1 の時間においては，ほとんど無視できるが，より長い時間スケールにおいては問題になる．つまり，特異摂動項は 1 より長い時間スケールの階層にも影響を与えるのだ．時間スケールを 1 以上とすると，$|\varepsilon d^2 u/dt^2|$ はたしかに他の項より小さい．しかし，長時間にわたって運動を積分すると，この小さな項の影響が出てくるのである．厳密解がわかっていないとき，近似解の長時間挙動を評価するためには，やや高度な技術を要する．いわば「階層を超越する計算」をおこなう必要があるからだ．これについてはノート 4.2 を参照されたい．

4.4.3 階層の連関と非線形性

非線形性によって異なるスケール階層の間に橋が渡されることは，フーリエ変換をしてみればよくわかる．たとえば，物理量 $u(x)$ と $v(x)$ を含む運動方程式を考える．$u(x)$ と $v(x)$ をフーリエ分解して

$$u(x) = \sum_k \hat{u}(k) e^{ikx}, \quad v(x) = \sum_k \hat{v}(k) e^{ikx}$$

と書く．ただし，$\overline{\hat{u}(k)} = \hat{u}(-k)$，$\overline{\hat{v}(k)} = \hat{v}(-k)$ とおいて，$u(x)$ と $v(x)$ が実数値関数となるようにする．運動方程式に非線形項 $u \cdot v$ が現れるとしよう．このとき，u と v それぞれのフーリエ成分 $\hat{u}(k) e^{ikx}$，$\hat{v}(k') e^{ik'x}$（およびこれらの複素共役）から

(4.31) $$\hat{u}(k)\hat{v}(k') e^{i(k+k')x} + \hat{u}(k)\overline{\hat{v}(k')} e^{i(k-k')x}$$

なるフーリエ成分が生成される．$1/k$ は u に含まれる変動のスケールを表す．したがって，非線形項は「新たな」スケール $1/(k \pm k')$ を次々に生み出してゆくのである．

第 4.3.4 項で指摘したように，非線形性が小さなスケールを生み出すとき，

4 ミクロとマクロの連接

図 4.5 (a)位相がそろった波の合成と(b)ランダムな位相の波の合成.

その極限として〈特異点〉を生成しようとする．このことは，上記のフーリエ分解の議論だけからはみえてこない．フーリエ成分(振動)の〈位相〉に注目しなくてはならない．フーリエ成分の〈位相〉がそろうことで，特異点となる．図 4.5 に数値的な実験の例を示す．図(a)と図(b)は，それぞれ

$$f_1(x) = \sum_{k=1}^{n} \cos(kx), \tag{4.32}$$

$$f_2(x) = \sum_{k=1}^{n} \cos(kx+\phi_k) \tag{4.33}$$

を $(-\pi, \pi)$ の区間でプロットしたものである($n=15$ とした)．ただし，$f_2(x)$ に含まれる ϕ_k は 0 から 2π までの乱数であり，これによって $f_2(x)$ を構成するフーリエ成分はランダムな位相をもつ．一方，$f_1(x)$ はデルタ関数 $\delta(x)$ のフーリエ分解に他ならない．非線形性が生み出すミクロの複雑性は，実は位相がそろおうとする——これは「空間的に局在化しようとする」ということを意味する——秩序性を同時にもっているのだ．

さて，非線形項が生み出す無制限なスケール変化にアンカーを投じるのが特異摂動である．これは，微小なパラメタ ε がかかった高階微分を含む項で表される(第 4.4.2 項参照)．数学的にみると，微分方程式の基本構造は最高階微分を含む項によって規定される．一方，物理的(あるいは現象的)には，小さなスケールパラメタ ε がかかった項は「普通は無視してよい」と思われる．普通でない状況は，非線形性のためにスケールが変化してしまったときに起こる．このことを詳しく述べる必要があろう．

はじめに注目していたスケールでは特異摂動項を無視できても，非線形性のために小さなスケールでの変動が作られてくると，高階微分は大きな値をもつ

ようになって，特異摂動項(εと高階微分の掛け算で表される)が大きくなる．このことは，非線形性が生み出した小さなスケールの階層にも目を向けなくてはならなくなるということを意味するのである．

例として，(4.17)に特異摂動を加えた

(4.34) $$\frac{\partial}{\partial t}u + u\frac{\partial}{\partial x}u = D\frac{\partial^2}{\partial x^2}u$$

を考えよう(Dは正の小さな定数とする)．時間，長さ，速度の代表値T, L, Uを(4.18)にしたがって選んで変数を規格化すると，(4.34)は無次元化されて

(4.35) $$\frac{\partial}{\partial \breve{t}}\breve{u} + \breve{u}\frac{\partial}{\partial \breve{x}}\breve{u} = \varepsilon\frac{\partial^2}{\partial \breve{x}^2}\breve{u}$$

となる．ただし

(4.36) $$\varepsilon = D\frac{T}{L^2}$$

と定義される[*10]．特異摂動は，スケールパラメタεが定める「固有のスケール」を導入し(第4.4.2項参照)，非線形系のスケール不変性(第4.3.3項参照)を破壊する．特異摂動が「アンカーを投じる」といったのは，このことである．

以下，特異摂動と非線形効果の協働を分析するために，この両者を含む法則の一般的な性質を特徴づけておこう．スケールパラメタεがかかった特異摂動を含む系を考え，$\varepsilon=0$とおいたモデル方程式を「0-モデル」と呼ぼう．これに対して，εを含む精密なモデルを「ε-モデル」と呼ぶことにする．ε-モデルの解をu_εと書く．もし

$$\lim_{\varepsilon \to 0} u_\varepsilon = u_0$$

が存在し，u_0が0-モデルの「ある種の解」であるならば，私たちは小さなスケール階層の影響をあまり心配しないで，マクロなモデルとして0-モデルを

[*10] (4.35)は，uを流速とする1次元の流体運動方程式であり，〈バーガース(Burgers)方程式〉と呼ばれる．εがかかった特異摂動項は粘性力に相当し，運動量の拡散を与える．1次元では，特異摂動の効果は非線形項の効果よりも強く，(4.35)は線形拡散方程式に帰着して解くことができる．ノート4.4参照．

用いることができる.

ただし,この場合——以下,class-1 の特異摂動と呼ぶ——でも,0-モデルは u_ε の極限として構成できない解を含むことがある.そのような 0-モデルの解は「妥当でない解」として除外しなくてはならない(具体的な例は次項でみる).

特異摂動の影響がもっと深刻なのは,$\varepsilon \to 0$ の極限で u_ε が発散する,あるいは収束しても 0-モデルをみたさないときである——これを class-2 の特異摂動と呼ぶ.このとき 0-モデルを使っていると,小さなスケール階層から生まれてくる重要な現象を見落としてしまうことになる.第 4.4.2 項でみた例では,小さなスケールの振動(4.27)は $\varepsilon \to 0$ の極限で振動数が発散する.大きなスケールの成分(4.25)のみが極限において正則であり,これが 0-モデルの解を与える.この例は線形系であるから,2 つの階層にある現象は,それぞれ独立である.0-モデルにおいて u_ε を見落としても u_0 に影響を与えない.その意味で,2 つの階層は分離されており,0-モデルは現象を粗視化したモデルとして妥当する.もちろん,u_ε の方を重要視する立場では粗視化したモデルは使えない.$\varepsilon \to 0$ の極限で,u_ε が特異関数になる(周波数が発散する)ということは,この数学的な極限が物理的に妥当でないことを意味するのである.

非線形系に class-2 の特異摂動が作用すると,階層が独立でないので,小さなスケールを無視すると本質的な誤りとなる.具体的な例を次項で示す.

4.4.4 非線形性と特異摂動の協働——その二つのありかた

前項で,非線形系に対する特異摂動の効果を 2 つのクラスに分類した.ここでは,両者の具体的な例をみる.

まず,第 4.3.4 項で示した衝撃波の特異点が特異摂動で〈隙間〉に変成することをみよう.これが class-1 の特異摂動の代表的な例である.(4.19)が「0-モデル」,(4.35)が「ε-モデル」である(以下,規格化を意味する ˜ を省略する).

0-モデルは次のような〈定常衝撃波(standing shock)〉の解をもつ:

$$(4.37) \qquad u_0(x,t) = \begin{cases} -a & (x \leqq 0), \\ a & (0 < x). \end{cases}$$

ただし,ここでは $a>0$ とし,1のオーダーにとる.また(4.22)に類似する〈膨張解〉

$$(4.38) \quad u_0(x,t) = \begin{cases} -a & (x \leqq -at), \\ x/t & (-at < x < +at), \\ a & (at \leqq x) \end{cases}$$

もある(図4.3参照).さらに,(4.38)において時刻 t を任意の時間 τ だけ遅らせて,時刻 τ において(4.37)に接続しても解になる.これらはすべて同じ初期条件をみたす.つまり(4.37)を初期分布とした場合,0-モデル(4.19)の初期値問題(これを〈リーマン(Riemann)問題〉という)は無数の解をもつ.

ただし,ここで(4.37)が微分方程式(4.19)の「解」であるというのは,特異点 $x=0$ を除いての話である.特異点では,微分係数が定義できないからだ.微分係数を〈超関数〉の意味まで拡張して解釈すれば「解」だということができる——この種の解は〈弱解〉とよばれる(ノート4.5参照)——のだが,この拡張の代償として,一意性を失ってしまったのである.0-モデルの,この一般化された意味での解から,物理的に妥当な解を選び出す,すなわち(4.37)と(4.38)のどちらが妥当かを決定するためには,ε-モデルが必要となる.

ε-モデル(4.35)は,右辺にある2階微分の特異摂動項のために〈拡散方程式〉である(第4.3.2項およびノート4.4参照).この方程式は,分布が平坦化するプロセスを記述する.したがって(4.37)のように,初期分布の不均一が定常的に保持されるようなことは起こり得ない[*11].つまり,スケールが0に収縮した〈特異点〉は除かれ,有限な幅をもつ〈隙間〉になるのだ.隙間ができれば,あとはスケールが膨張し,隙間はますます広がろうとするはずである.したがって,ε-モデルから出発して $\varepsilon \to 0$ の極限をとるならば,その解 u_ε は膨張解(平坦化する解)にのみ収束して,(4.37)を得ることは不可能である.より精密な ε-モデルを用いることで,0-モデルが含む拡張された意味での不

[*11] 逆に $a<0$ の場合は,不連続面に向かって流体が流れこもうとするので(図4.3参照),拡散と拮抗して不均一が保持される.

確定な解の中から物理的に妥当な解を選別することができるのである[*12].

一方,「class-2 の特異摂動」の典型的な例が,流体の乱流である.特異摂動をもたない流体の 0-モデルは(いかなる意味でも)乱流の記述には妥当しない.

(4.35)を $n(\geqq 2)$ 次元空間に拡張した非線形偏微分方程式

(4.39) $$\frac{\partial}{\partial t}\boldsymbol{u}+(\boldsymbol{u}\cdot\nabla)\boldsymbol{u}=\varepsilon\Delta\boldsymbol{u}-\nabla p$$

を考える.これを〈ナヴィエ-ストークス(Navier-Stokes)方程式〉という.$\boldsymbol{u}$ は流体が流れる速度を表す n 次元ベクトル関数(通常は空間次元 $n=3$ であり,ここでも 3 次元を議論する),ε は粘性を表す正の定数である.p は流体の圧力を表すスカラー関数であり,$\boldsymbol{u}$ が非圧縮条件

(4.40) $$\nabla\cdot\boldsymbol{u}=0$$

をみたすように作用する内的な力 $-\nabla p$ を与える.第 4.4.3 項の議論で用いた 1 次元流体モデル(4.35)は,非圧縮($\partial u/\partial x=0$)を仮定すると無意味になるが,2 次元以上では非圧縮流を考えることができる.n 次元ベクトル場 $\boldsymbol{u}$ に対して,運動方程式(4.39)は n 次元,非圧縮条件(4.40)は 1 次元の方程式であるから,未知変数は $n+1$ 個なくてはならない.$\boldsymbol{u}$ と p でちょうど $n+1$ 個という勘定である.変数は既に規格化されているとする(規格化を意味する ˜ を省略する).流体は有界領域 Ω の中に閉じ込められているとし,Ω の境界 Γ では速度が 0 になるとする.すなわち

(4.41) $$\boldsymbol{u}=0 \quad (\text{on } \Gamma).$$

(4.39)-(4.41)を ε-モデルとするならば,(4.39)で $\varepsilon=0$ とおいた方程式が 0-モデルとなる[*13].規格化された粘性係数 ε の逆数を〈レイノルズ(Reynolds)数〉という.0-モデルは粘性が 0 (レイノルズ数が無限大)の極限であり,粘性がない理想流体の極限を記述するものと考えられる.これを〈オイラー(Eu-

---

[*12] 非線形方程式(4.35)は,特異摂動項(線形項)によって非線形項を消去する変数変換をおこない,線形拡散方程式へ〈線形化〉することができる:ノート 4.4 参照.

[*13] 正確にいうと,境界条件(4.41)も $\boldsymbol{n}\cdot\boldsymbol{u}=0$ ($\boldsymbol{n}$ は Γ に対する法線ベクトル)に置き換えておく必要がある.粘性がないときには,境界に接して滑る流れがあってもよいからである.数学的にいうと $\varepsilon=0$ で空間 2 階微分の項が消えたので,境界条件も少なくなるのである.

ler)方程式〉という*14.

さて，流体の運動エネルギーがどのように変化するかを計算しよう．ε-モデル(4.39)の両辺と u との内積をとり領域 Ω で積分する：

(4.42) $$\int \left(\frac{\partial}{\partial t}u\right)\cdot u\ dx = \int [-(u\cdot\nabla)u+\varepsilon\Delta u-\nabla p]\cdot u\ dx.$$

u が十分滑らかな関数であるとすると，(4.42)の左辺は

$$\frac{d}{dt}\left(\frac{1}{2}\int |u|^2\ dx\right)$$

と等しい．この括弧の中は流体の運動エネルギーを表す(質量密度は 1 に規格化されている)．一方，右辺の方は境界条件(4.41)を使って部分積分を行い(4.40)を用いると

$$-\varepsilon\int |\nabla\times u|^2\ dx + \int (p+|u|^2/2)(\nabla\cdot u)\ dx = -\varepsilon\int |\nabla\times u|^2\ dx$$

と書くことができる．したがって(4.42)は

(4.43) $$\frac{d}{dt}\left(\frac{1}{2}\int |u|^2\ dx\right) = -\varepsilon\int |\nabla\times u|^2\ dx$$

に帰着する．右辺はつねに $\leqq 0$ である．したがって(4.43)は，流体の運動エネルギーが粘性(ε)によって散逸することを意味する式である．

0-モデルについては，最後の結果(4.43)で $\varepsilon=0$ と置けばよい．右辺が 0 になるから，運動エネルギーが保存されることがわかる．

図 4.6 は ε をいろいろ変えて数値シミュレーションを行った結果について運動エネルギーの時間変化を(模式的に)示したものである．ε を 0 に近づけていっても，エネルギーが保存する解に収束しない．したがって，ε-モデル(物理的に妥当なモデル)の解で $\varepsilon\to 0$ の極限をとっても 0-モデル(小さなスケールの階層を無視した仮想的なモデル)の解にはならないのである．どうしてこのようなことが起こるのかを，もう少し詳しくみておこう．

---

*14　1 次元モデル(4.17)の非線形性は圧縮運動によるものであり，特性曲線が圧縮されて衝突すると特異点が形成されるのだった(第 4.3.4 項およびノート 4.3 参照)．非圧縮流の 0-モデルの場合に，有限時間で特異点が形成されるかどうかは，未解決である．空間次元が 2 である場合は，滑らかな速度分布を初期条件とすると，特異点は形成されないことがわかっている．

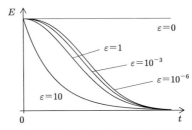

図 4.6 流体運動におけるエネルギー変化の模式図．ε-モデルの解について $\varepsilon \to 0$ の極限をとっても 0-モデルの解(エネルギーが保存しなくてはならない)に収束しない．

粘性係数 ε を小さくすると，流体の運動はますます強い乱流状態となり，より小さな渦が作られる．粘性によるエネルギー散逸は，流れの微分によって与えられるので，小さな渦ができると散逸は大きくなろうとする．したがって，散逸されるエネルギー，すなわち(4.43)の右辺は，係数 ε が小さくなっても積分値の方が大きくなるので 0 に収束しないというわけだ．このように，0-モデルは乱流のモデルとして妥当しないのである．

非線形系では，複数の階層は相互作用して独立ではないので，0-モデルは現象の粗視化だと簡単に主張することはできない．むしろ 0-モデルでは極めて大切な現象の本質を見落としてしまう可能性が高い．小さなスケールの階層から大きなスケールの階層へ，どのような影響が持ち上がってくるのか，また逆に大きなスケールの階層における現象が小さなスケールの階層にどのような影響を与えるのか，これらを正確に評価することが，多階層に広がる複雑性を読み解くための課題である．

前項でも述べたように，異なる階層の相互作用は時空間で局所的に起こる．それが実際にいつ，どこであるかを予測することは一般に困難である(衝撃波の例では具体的に計算できたが)．図 4.4 はプラズマ中で磁場が変化する様子を数値シミュレーションした結果である．プラズマと磁場の相互作用は，たとえば活動銀河中心から噴出するプラズマジェット，太陽の激しい活動(黒点やフレヤー)，惑星磁気圏と太陽風(太陽から吹き出したプラズマの流れ)の相互作用(磁気嵐)などにおいて，プラズマの構造を決める本質的なプロセスである．プラズマの流れは磁場を引きずって変形させ，逆に変形した磁場はプラズ

マに強い電磁力を及ぼす。このシミュレーションをみると，磁場の大きな渦構造が形成されることがわかる（左図）。しかし，その背景で，電流（磁場の微分量）の方は，磁場の渦構造の間隙で強い乱れを形成している（右図）。大きなスケールの階層で秩序が形成されようとするが，つじつまが合わないところ（渦の回転が反転するところ）ができる。その〈隙間〉に，小さなスケールの強い乱れが集中する。

マクロな階層に現れる〈隙間〉がミクロの階層との連接点となる。ミクロから切断されたマクロのモデル（0-モデル）では，隙間は特異点として現れる（第4.3.4項参照）。ミクロの効果（特異摂動）は，特異点を形成しようとする非線形効果と拮抗し，隙間という構造を形成する。ミクロとマクロは，この限られた時空間の領域において連関するのである。

ノート4.1（関数空間のトポロジー）　解析学の理論でトポロジー（位相）とは，空間の中に置かれた点どうしが近いか遠いかを判断するための基準である。普通は〈距離〉の概念によって遠近が評価される。

解析学の主題は「極限」を考えることだ。点列の収束や関数の微分・積分などである。たとえば，数列 $\{e^{-n}\}$ ($n=1,2,\cdots$) が 0 に収束する（点列の極限が 0 である）というのは，$n\to\infty$ の極限で，距離 $|e^{-n}-0|$ が 0 になるという意味である。点 0 から距離が ε より小さい領域を「0 の ε-近傍」という。$n>-\log\varepsilon$ の場合，点 e^{-n} は点 0 の ε-近傍に入る。こうして，点どうしが近いか遠いかを見定めるトポロジー（位相）が与えられると，収束の判定ができるのである。

有限次元の線形空間では，距離の定義のしかたによらず，同等のトポロジーが与えられる。すなわち，ある距離で測って，点列 $\{u_n\}$ が v に収束するならば，ほかの距離で測っても収束する。なぜなら，$u_n\to v$ とは，ベクトル u_n の各成分が収束することと等価であり，成分ごとにみると数列の収束に他ならないからである。

しかし，関数空間（無限次元のベクトル空間；ノート1.1参照）ではこうはいかない。関数空間の距離の定義によって，同じ関数列でも収束すると判定されたり，収束しないと判定されたりする。その意味で，関数空間にはトポロジーの階層がある。簡単な例をみておこう。

実数直線 $\mathbb{R}$ 上の区間 (a,b) で定義された関数 $f(x)$ と $g(x)$ の距離を

(4.44) $$\|f(x)-g(x)\|_{L^2} = \left[\int_a^b |f(x)-g(x)|^2 dx\right]^{1/2}$$

と定義し，これによってトポロジーを定めた関数空間を $L^2(a,b)$ と書く((1.48)参照)．さらに微分係数にまで注目して収束を判定する場合には

$$(4.45) \quad \|f(x)-g(x)\|_{H^n} = \sum_{j=0}^{n} \left\|\frac{d^j[f(x)-g(x)]}{dx^j}\right\|_{L^2} \quad (n=0,1,2,\cdots)$$

と距離を定義する(0 階微分 d^0/dx^0 は恒等写像とする)．(4.45)によってトポロジーを定めた関数空間を $H^n(a,b)$ と書き〈ソボレフ(Sobolev)空間〉と呼ぶ．$H^0(a,b)=L^2(a,b)$ である．

定義から明らかに，$n>m$ であるとき，$H^n(a,b)$ で収束する関数列は $H^m(a,b)$ でも収束する．逆は必ずしも真でない．例を示そう．

区間を $(0,1)$ とし

$$(4.46) \quad \begin{aligned} u_m(x) &= \sum_{n=1}^{m} a_n \varphi_n(x), \\ \varphi_n(x) &= \sqrt{2}\sin(k_n x) \quad a_n = 2\sqrt{2}k_n^{-1}, \quad k_n = (2n-1)\pi \end{aligned}$$

と定義する．$u(x)\equiv 1$ とおいて $u_m(x)$ と $u(x)$ の距離を計算してみよう．まず

$$\|u_m-u\|_{L^2} = \left[\int_0^1 \left(\sum_{n=1}^{m} 4k_n^{-1}\sin(k_n x)-1\right)^2 dx\right]^{1/2} = \left[1-8\sum_{n=1}^{m} k_n^{-2}\right]^{1/2}$$

となる．これにより，$\lim_{m\to\infty}\|u_m-u\|_{L^2}=0$ であり，空間 $L^2(0,1)$ において $u_m(x)$ は $u(x)$ に収束することがわかる．

しかし，空間 $H^1(0,1)$ のトポロジーでは

$$\|u_m-u\|_{H^1} = \|u_m-u\|_{L^2} + \left\|\frac{d(u_m-u)}{dx}\right\|_{L^2} = \left[1-8\sum_{n=1}^{m} k_n^{-2}\right]^{1/2} + (8m)^{1/2}.$$

右辺は $m\to\infty$ とすると発散する．関数列 $\{u_n\}$ は，空間 $L^2(0,1)$ では収束するようにみえても，$H^1(0,1)$ では発散しているのだ．

(4.46)は $u(x)\equiv 1$ のフーリエ級数展開に他ならない．関数 $u(x)$ をモードに分解して再構成しようという試みであるが，見方を変えると，再構成が成功しているようにみえたり失敗しているようにみえたりするというわけである．見方によって(トポロジーの定義によって)違ってみえるという構造の豊かな複雑性は，自由度の無限性(空間の次元が無限であること)によってのみ可能なのである． □

ノート4.2(繰り込みの簡単な例) 特異摂動が 1 より大きなスケールの階層に与える影響を計算するためには，4.4.2項でおこなった近似計算をレベルアップする必要がある．まず

$$(4.47) \quad u(t) = u_0(t) + \varepsilon\tilde{u}(t)$$

とおく．$u_0(t)=ae^{-i\omega t}$ は(4.25)で求めた近似解である．$\tilde{u}(t)$ は $u_0(t)$ と同程度

の大きさをもつと仮定する．したがって，$u_0(t)$ に対して大きさ ε 程度の補正をしようというわけだ．このように小さなパラメタ ε の効果を取り入れて補正をおこなう計算を〈摂動計算〉という．

(4.47)を(4.23)に代入し，ε を含む項まで残して ε^2 を含む項を無視すると($\varepsilon \ll 1$ であるから $\varepsilon^2 \ll \varepsilon$)

(4.48) $$-i\frac{d}{dt}\tilde{u}+\omega\tilde{u}=\omega^2 u_0$$

となる．これを解いて

(4.49) $$\tilde{u}(t) = e^{-i\omega t}\left[a'+i\omega^2\int_0^t e^{i\omega t'}u_0(t')\,dt'\right]$$
$$= a'e^{-i\omega t}+i\omega^2 ate^{-i\omega t}$$

を得る(a' は任意定数)．これは t が 1 のオーダーの範囲ではよいが，$\varepsilon^{-1}\omega^{-2}$ 程度まで大きくなると最初の仮定に違反する．実際，$|\tilde{u}(t)/u_0(t)|=|(a'/a)+i\omega^2 t|$ であるから，補正項 $\varepsilon\tilde{u}$ の方が元の近似解 u_0 の大きさを超えてしまう．すると，(4.48)を導くとき無視した ε^2 を含む項($\varepsilon^2 d^2\tilde{u}/dt^2$)が無視できなくなる．$\varepsilon^2$ がかかった項を無視できるのは，その項に含まれる他の部分が大きくないことを前提としているからである．

このように補正項が t とともに大きくなってしまう摂動を〈永年摂動(secular perturbation)〉という．この困難を取り除く工夫をしよう．(4.49)は十分短い時間については使える表式であるから，これをうまく「つなぎ合わせる」ことを考える．仮に時刻 T まで「補正した解」が求まっているとして，T から先を上記のように摂動計算で求めるとする．T を時刻の原点に取り直し，これから先の時間を s と書くことにする．$s=0$ (すなわち $t=T$)における u の値を $A(T)e^{-i\omega T}$ と書く．T から先の未補正の解は $A(T)e^{-i\omega(T+s)}=A(T)e^{-i\omega t}$ である．これに摂動計算で補正を加えると，

(4.50) $$u(T+s) = A(T)e^{-i\omega t}+\varepsilon i\omega^2 A(T)se^{-i\omega t}$$
$$= A(T)e^{-i\omega t}+\varepsilon i\omega^2 A(T)(t-T)e^{-i\omega t}$$

となる．ただし，$s=0$ で「補正された初期値」$A(T)e^{-i\omega T}$ に一致しなくてはならないので，(4.49)に含まれる a' に相当する定数は 0 である．

任意の時刻 t に対して $t=T+(t-T)=T+s$ とおいて s が 1 のオーダーを超えないようにすれば，(4.50)の表式は破綻しない．ただし，$A(T)$ なる未知の関数を決めなくてはならない．これを求める手がかりは，次のような考察から見出される．

変数 T は，計算の都合上持ちこんだパラメタであるから，最終的な法則には含まれてはならないはずだ．したがって $\partial u/\partial T=0$ を要請する．(4.50)を代入し，$t=T$ とおくと

$$\frac{d}{dT}A-\varepsilon i\omega^2 A=0.$$

これを解いて $A(T)=A_0 e^{i\epsilon\omega^2 T}$ を得る．時刻 T における「補正した解」の値は，上記の定義より $A(T)e^{-i\omega T}$ である．T は任意であるから，補正した解が

$$(4.51) \qquad u(t) = A_0 e^{-i\omega(1-\epsilon\omega)t}$$

と求められたことになる．補正前の解 $u_0(t)=ae^{-i\omega t}$ と比べると，時定数が $\omega(1-\epsilon\omega)$ に変更されたことがわかる．

厳密な時定数(4.28)と比べてみよう．$\epsilon\lambda_+$ を ϵ の 2 次までテイラー級数展開すると(近似解 $u_0(t)$ では 1 次までとったが)

$$\lambda_+ \approx \omega(1-\epsilon\omega),$$

となり，(4.51)の結果と一致する．

ここで行なった計算は，永年摂動による発散を時定数の中に〈繰り込む〉という手法である．階層を定義しているスケールを再調整(renormalization)して発散の困難を取り除いたのである． □

ノート 4.3 (特性曲線の衝突と衝撃波) 非線形モデル(4.17)の例で特異点(ショック)が形成される仕組みを，もう少し詳しくみよう．(4.22)でいきなり(4.17)の解を与えたが，〈特性常微分方程式〉(ノート 2.3 参照)を用いて(4.17)を解くプロセスを追うと，特異点形成のメカニズムがよくわかる．(4.17)は，速度 u で運動する粒子の軌道上で，関数 $u(x,t)$ が保存することを表す方程式である(第 2.4.3 項参照)．軌道(流線)を決める運動方程式(特性常微分方程式)は

$$(4.52) \qquad \frac{dx}{dt} = u$$

である．初期条件 $x(0)=\hat{x}$ を与えてこれを解く．軌道上で u (運動方程式(4.52)の右辺)が一定であるから，計算は簡単で，$x(t)=\hat{x}+u_0(\hat{x})t$ を得る．初期分布(4.21)を与えると，

$$(4.53) \qquad \hat{x} = \frac{x}{1+at} \quad (-1 < \hat{x} < 1)$$

と書ける．軌道上で u が一定であるから $u(x,t)=u(\hat{x},0)$．これに(4.53)を代入すれば(4.22)を得る．$a<0$ であるときは，運動方程式(4.52)にしたがう軌道群が $t=-1/a$, $x=0$ で衝突する．それぞれの軌道上で u は異なる値をとるから，軌道が衝突したところで u は「多価」にならざるを得ない．これが特異点である．

上記の例は空間が 1 次元の簡単な非線形方程式であったから，容易に解を求めることができた．次元が高い空間の中では，もっと複雑な現象が起こり，解析的には扱えない．とくに難しいのは「渦」の局所化・特異点化の問題である．ここでみたように，衝撃波は，流体の圧縮運動によって流線(特性曲線)が衝突することとして扱えたのであるが，渦は流れの剪断(シヤー)によって強められるので，「衝突」とは根本的に異なるメカニズムによってスケールを変えようとする．空間が 2 次元の場合については，有限時間で特異点形成が起こらないことがわかっているが，

3次元については未解決である.　　　　　　　　　　　　　　　　　□

ノート4.4(コール-ホップ変換)　1次元の非線形方程式(4.35)において,特異摂動(粘性の効果)は,この方程式を〈線形化〉してしまうほど強い.ここで「線形化」といったのは〈線形近似〉の意味ではなく,変数変換によって〈線形方程式〉に化けさせることができるという意味である.〈コール-ホップ変換(Cole-Hopf transformation)〉と呼ばれる,その手続きをみておこう.

まず $u(x,t)=\partial\varphi(x,t)/\partial x$ と「ポテンシャル表示」する.これを(4.35)に代入すると(簡単のために規格化の記号 ˆ を省略する)

$$(4.54) \quad \frac{\partial}{\partial x}\left[\frac{\partial}{\partial t}\varphi+\frac{1}{2}\left(\frac{\partial}{\partial x}\varphi\right)^2-\varepsilon\frac{\partial^2}{\partial x^2}\varphi\right]=0$$

を得る.これを x について積分し,積分定数を C としよう:

$$(4.55) \quad \frac{\partial}{\partial t}\varphi+\frac{1}{2}\left(\frac{\partial}{\partial x}\varphi\right)^2-\varepsilon\frac{\partial^2}{\partial x^2}\varphi=C.$$

$\varphi=-2\varepsilon\log\psi$ とおくと,(4.55)は線形拡散方程式

$$(4.56) \quad \frac{\partial}{\partial t}\psi-\varepsilon^3\frac{\partial^2}{\partial x^2}\psi=C$$

に変換される.非線形項を消去したのは特異摂動項($\varepsilon\partial^2 u/\partial x^2$)に由来する項である(つまり $\varepsilon=0$ のときは,このような変換はできない).

1次元の場合に成功したこの線形化は,2次元以上では不可能である.非線形項と特異摂動項の力関係は次元によって変化し,高次元になるほど非線形効果が強くなる.もちろん,線形化する変換が形式的に成功するか否かと,非線形項/特異摂動項のバランスの問題は同等ではないが,ひとつの示唆は含むだろう.　　□

ノート4.5(弱解)　非線形微分方程式(4.17)を

$$(4.57) \quad \frac{\partial}{\partial t}u+\frac{1}{2}\frac{\partial}{\partial x}u^2=0$$

のように書き換えてみよう($\partial u^2/\partial x=2u\partial u/\partial x$ と計算した).衝撃波を表す特異点(不連続点)をもつ関数

$$(4.58) \quad u(x,t)=\begin{cases}-a & (x\leqq 0),\\ +a & (0<x)\end{cases}$$

は,(4.57)をみたす($u(x,t)^2\equiv a^2$ であるから).$a<0$ の場合,収縮する解(4.22)に対して,$t\geqq -1/a$ についてこの解を繋ぐと,(4.57)の解を得たことになる.逆に,$a>0$ の場合は,任意の t_0 まで(4.58),その先の時刻については(4.22)の膨張する解に,$t'=t-t_0$ とおいて接続すれば,やはり(4.57)の解を得る.さらに(4.58)を一般化して,x 軸の任意の区間列 $I_0=(-\infty,x_1]$, $I_1=(x_1,x_2],\cdots,I_n=$

$(x_n, +\infty)$ (n は任意の正数) を与えて

(4.59) $$u(x,t) = \pm(-1)^n a \quad (x \in I_n)$$

とおいても，(4.57)をみたす．このように，変形した方程式(4.57)の解は一意的には決まらない．

(4.57)を(4.17)の〈弱形式〉という．物理的には，(4.17)の方が意味がある方程式である．もし $u(x,t)$ が x に関して「微分可能」ならば，$\partial u^2/\partial x = 2u\partial u/\partial x$ と計算できるから，(4.17)の解ならば(したがって「微分可能」ならば)，(4.57)の解でもある．しかし，逆は真ではない．(4.58)や(4.59)は，不連続点で微分できないから，(4.17)の解ではないのである．このような特異点をもつ解の「微分」は〈超関数〉として解釈することが可能であり，〈弱解〉と呼ばれる．つまり，弱形式の解=弱解は，もとの微分方程式において微分の意味を拡張して解釈した場合の解だということができる．

弱形式と弱解の丁寧な定義を与えておこう．「弱」という意味は多義的で，いろいろなレベルでの「弱さ」を定義することができる．一般論を述べる前に，(4.17)を具体例として説明する．微分方程式(4.17)の初期値問題(初期条件を $u(x,0)=u_0(x)$ とする)に対する〈弱形式〉とは

(4.60) $$\iint u\left(\frac{\partial}{\partial t}\varphi + \frac{u}{2}\frac{\partial}{\partial x}\varphi\right)dxdt - \int u_0(x)\varphi(x,0)\,dx = 0$$

が，任意の滑らかな関数 $\varphi(x,t)$ について成り立つ $u(x,t)$ を求めることをいう．ただし，積分する領域は $t \in (0, +\infty)$，$x \in \mathbb{R}$ とし，$\varphi(x,t)$ は $t \to +\infty$ および $x \to \pm\infty$ で十分速やかに 0 となる関数だとする．$\varphi(x,t)$ が「滑らか」と曖昧な表現をしたが，その滑らかさの程度で，弱解の弱さの程度が変わる．

$u(x,t)$ が十分滑らかな関数であると仮定し，部分積分をおこなうと，(4.60)の左辺は

(4.61) $$-\iint \left(\frac{\partial}{\partial t}u + \frac{1}{2}\frac{\partial}{\partial x}u^2\right)\varphi\,dxdt + \int [u(x,0) - u_0(x)]\varphi(x,0)\,dx$$
$$= -\iint \left(\frac{\partial}{\partial t}u + u\frac{\partial}{\partial x}u\right)\varphi\,dxdt + \int [u(x,0) - u_0(x)]\varphi(x,0)\,dx$$

と変形できる．右辺の表現において，これが任意の $\varphi(x,t)$ に対して 0 となるということは，2つの項それぞれの被積分関数の括弧内が 0 であること，すなわち微分方程式(4.17)および初期条件が成り立つことを意味する．しかし，弱形式(4.60)では $u(x,t)$ 自身は微分されていないから，必ずしも滑らかな関数である必要はない．逆に $\varphi(x,t)$ の方が，微分演算を引き受けているので，滑らかである必要がある．(4.61)の中間段階(左辺の形式)には変形した微分方程式(4.57)が現れている．(4.60)から(4.61)の左辺，さらに右辺へと変形して行く過程で，$u(x,t)$ の滑らかさについての条件が厳しくなっている．それに応じて，解であることの「意味」が

強くなるのである．

(4.60) が (4.61) の表式を「定義している」と考えるならば，後者に現れる $u(x,t)$ の微分の意味が拡張される．これが，いわゆる〈超関数〉の微分である．弱解とは，微分方程式に現れる微分を拡張した意味で定義したときの解だと考えればよい．

最後に，弱形式を一般的に定義しておこう．ある関数方程式

$$(4.62) \qquad F(u) = 0$$

が与えられたとする．u は関数空間 X の元であり，F は X から関数空間 Y への写像だとする．方程式 (4.62) が成り立つとは，Y のノルムを $\|\ \|_Y$ と書いたとき，$\|F(u)\|_Y=0$ であることを意味する．弱形式とは，この意味を，次のように弱めて (4.62) を解釈することである．

Y から $\mathbb{R}$ への連続線形写像の全体空間を Y の双対空間といい，Y^* と書く．$\varphi \in Y^*$ の $y \in Y$ における値を $\varphi(y)$ あるいは $\langle \varphi, y \rangle$ と書く．(4.62) の弱形式とは，ある $W \subseteq Y^*$ を選び，

$$(4.63) \qquad \langle \varphi, F(u) \rangle = 0 \quad (\forall \varphi \in W)$$

が成り立つことをいう．W を小さくとれば，それだけ条件が緩いので，解のクラスが大きくなる．普通は W が Y^* で稠密な部分空間となるようにとる（「滑らかさ」の基準を変えて W の大きさを調整する）．

$y=0$ であることと $\langle \varphi, y \rangle=0$ $(\forall \varphi \in Y^*)$ とは等価である[*15]．したがって，$W=Y^*$ のときは弱形式 (4.63) と本来の方程式 (4.62) は等価である．

ただし，以下のことを注意しておく．一般に無限次元空間では，$\lim y_j=0$ と $\lim \langle \varphi, y_j \rangle=0$ $(\forall \varphi \in Y^*)$ とは等価でない．前者を〈強収束〉，後者を〈弱収束〉という．弱収束は強収束より弱い条件である．このことから，極限操作を含む場合には注意を要する．

$$(4.64) \qquad \lim_{j \to \infty} \langle \varphi, F_j(u) \rangle = 0 \quad (\forall \varphi \in Y^*)$$

あるいは

$$(4.65) \qquad \lim_{j \to \infty} \langle \varphi, F(u_j) \rangle = 0 \quad (\forall \varphi \in Y^*)$$

によって生成される「解」は，本来の解よりも収束条件が弱いので，これらも〈弱解〉と呼ぶべきものとなる． □

[*15] Y がヒルベルト空間であるとき，$\langle \varphi, y \rangle$ は $\varphi \in Y$ と y との内積と思ってよいから（リースの定理），これは自明．Y が一般のバナッハ空間であるときは，Y^* がどのような空間であるかを明示することは一般的には難しいので，このことは自明でないが，ハーン-バナッハの拡張定理によって，これがいえる．

参考文献

本書を学ぶための基礎となる(あるいは一緒に学ぶべき)参考書として,以下の古典的な名著をあげておく.(1)と(2)は,理科系の学生であれば大学の1年から2年の間に学習すべき定本であるが,純粋に数学的な見地から書かれているので,科学としての意味が読み取りにくいであろう.本書は,数学的な手続きよりも「意味」を読み解くことに重点を置いているので,これらの数学書と相補的に学習する(あるいは復習する)ことを勧めたい.(3)と(4)は,数理科学の背骨ともいうべき微分方程式に関する体系的な教科書である.

(1) 高木貞治,『解析概論』(改訂第三版),岩波書店,1983.
(2) 齋藤正彦,『線型代数入門』,東京大学出版会,1970.
(3) R. Courant, D. Hilbert: *Methods of Mathematical Physics* I, II, Interscience, 1962. (邦訳)『数理物理学の方法』I〜IV 巻,齋藤利弥,麻嶋格次郎訳,東京図書,1962.
(4) E. A. Coddington, N. Levinson: *Theory of Ordinary Differential Equations*, McGraw-Hill, 1955. (邦訳)『常微分方程式論』(上,下),吉田節三訳,吉岡書店,1968.

本書では,無限自由度系に関する理論を紹介する余裕がなかった.量子力学,流体など連続体の力学,場の理論など無限自由度をあつかう理論(数学的には偏微分方程式の理論)のためには関数空間(無限次元線形空間)の概念が必要となる.ノートに簡単な解説を述べたが,本格的に勉強するためには,以下の教科書を参考にされたい.

(1) 吉田耕作,河田敬義,岩村聯,『位相解析の基礎』,岩波書店,1960.
(2) H. Brézis: *Analyse fonctionnelle — Théorie et applications*, Dunod, 1983. (邦訳)『関数解析——その理論と応用に向けて』,藤田宏,小西芳雄訳,産業図書,1988.
(3) 吉田善章,『新版・応用のための関数解析——その考え方と技法』,サイエンス社,2006.
(4) 藤田宏,『理解から応用への関数解析』,岩波書店,2007.

力学理論の体系,とくにその数学的側面について発展的に学ぶためには,以下の教科書が参考になるだろう.(1)は,力学理論の本質を極めて簡潔に記述した古典であり,力学を最初に学ぶための入門書ではないが,研究者にとっても味わい深い.

(1) L.D. ランダウ, E.M. リフシッツ,『力学』(広重徹,水戸巌訳,東京図書,1974).

参考文献

(2) V. I. Arnold: *Mathematical Methods of Classical Mechanics*, Grad. Texts in Math. 60, Springer, 1989. (邦訳)『古典力学の数学的方法』, 安藤韶一, 蟹江幸博・丹羽敏雄訳, 岩波書店, 1980.
(3) A. J. Lichtenberg and M. A. Lieberman: *Regular and Chaotic Dynamics* (2nd Ed.), Springer-Verlag, 1991.
(4) 大貫義郎・吉田春夫, 『力学』(岩波講座現代の物理学), 岩波書店, 1994.

非線形科学の数学的側面について論じた比較的スコープが広い参考書として以下をあげておく.

(1) 谷内俊弥, 西原功修, 『非線形波動』, 岩波書店, 1977.
(2) 山口昌哉(編著), 『非線型の現象と解析』(数学セミナー増刊), 日本評論社, 1979.
(3) 増田久弥, 『非線型数学』, 朝倉書店, 1985.
(4) 吉田善章, 『非線形科学入門』, 岩波書店, 1998.
(5) V. I. Arnold: *Topological Methods in Hydrodynamics*, Springer-Verlag, 1999.

非線形に関わる自然科学は大きな広がりをもちつつある. 現象としては, 振動・波動, 連鎖・競合反応, 拡散, 構造形成, 特異点形成など, テーマは, ミクロからマクロ, あるいは多階層にわたる物理現象, 化学反応, 生命現象, 生態系, さらに経済現象, 社会現象におよぶ. それぞれ異なる方向性をもついくつかの参考書をあげておく.

(1) G. Nicolis, I. Prigogine: *Self-Organization in Nonequilibrium System*, John Wiley & Sons, 1977. (邦訳)『散逸構造』, 小畠陽之助, 相沢洋二訳, 岩波書店, 1980.
(2) 吉川研一, 『非線形科学――分子集合体のリズムとかたち』, 学会出版センター, 1992.
(3) C. Beck and F. Schlögl: *Thermodynamics of Chaotic Systems — an introduction*, Cambridge Nonlinear Science Series 4), Cambridge University Press, 1993.
(4) 中村勝弘, 『量子物理学におけるカオス』, 岩波書店, 1998.
(5) F. Haake: *Quantum signature of chaos* (2nd Ed.), Springer-Verlag, 2000.
(6) 戸田盛和, 『ソリトン, カオス, フラクタル――非線形の世界』, 岩波書店, 1999.
(7) 蔵本由紀, 『新しい自然学――非線形科学の可能性』, 岩波書店, 2003.
(8) 蔵本由紀, 松下貢, 柳田英二, 三村昌泰(編著), 『非線形・非平衡現象の数理』第1巻〜第4巻, 東京大学出版会, 2005-2006.

索 引

Γ-空間　126
μ-空間　126
Arnold-Beltrami-Childress(ABC)流　75
Banach 空間　39
Burgers 方程式　183
Carleman の埋めこみ　67
Chapman-Kolmogorov の等式　128
Cole-Hopf 変換　193
Derrida, J.　6
Descartes, R.　2
Fermat の原理　92
Fokker-Planck 方程式　145, 151
Fourier 級数展開　40
Galilei, G.　3, 43
Gibbs 分布　133, 152
Hamilton-Jacobi 方程式　99, 108
Hamilton の原理　92
Hilbert 空間　40
H 定理　129
Jordan 標準形　63
Klimontovich 密度分布関数　141
Koch 曲線　162
Kolmogorov 方程式　145, 151
Lagrange 微分　85
Langevin 方程式　126
Liouville の定理　109
Liouville 方程式　109
Lorenz 方程式　28
Lyapunov 指数　115
Markov 過程　127
Navier-Stokes 方程式　186
Newton, I.　47
　――の運動方程式　50
Poincaré プロット　75
Poisson の括弧　109

Reynolds 数　186
Schrödinger 方程式　27, 105
Sinai ビリヤード　148
Taylor 級数展開　10
Vlasov 方程式　143
von Neumann の定理　106
Wiener 過程　149

ア 行

アトラクター　118, 147
　ストレンジ――　120
安定性　115
位相　39
因果律　58, 128
ウィーナー(Wiener)過程　149
ヴラソフ(Vlasov)方程式　143
運動方程式　23, 47, 51
　集団――　85, 140
　ニュートンの――　50
　ハミルトンの――　95
　ハミルトンの正準――　95, 108
永年挙動　64
永年摂動　191
エルゴード仮説　136
エントロピー　133, 150
オイラー(Euler)方程式　186

カ 行

カーレマン(Carleman)の埋めこみ　67
階層　157
　関数空間の――　189
カオス　28, 68, 82, 100
　現象としての――　113
　量子――　147

索　引

可換法則　59
拡散方程式　26, 145, 169, 185
可積分　57, 78, 80
　非——　57, 82
ガリレイ(Galilei)　3, 43
関数　51
関数空間　27, 38, 105, 189
完全解　88
規格化　11, 166, 171
基底　13, 16, 45, 105
軌道　46
ギブス(Gibbs)分布　133, 152
吸収集合　147
共鳴　64
グラフ　18
　線形理論の——　20
　尖りをもつ——　32
　歪んだ——　23
　ひだをもつ——　37
繰り込み　190
クリモントヴィッチ(Klimontovich)密度分
　布関数　141
群　59
　可換——　59
　半——　60
系(system)　157
計量　13, 161
結合法則　59
決定論　33
構造　158
コール-ホップ(Cole-Hopf)変換　193
コッホ(Koch)曲線　162
固有値問題　61
孤立系　133
コルモゴロフ(Kolmogorov)方程式
　145, 151

サ行

最小作用の原理　92
作用　92
散逸系　119
自己共役作用素　105

指数法則　23
時定数　24, 115
シナイ(Sinai)・ビリヤード　148
弱解　185, 193
弱形式　194
収束半径　11
従属変数　19
集団現象　137
自由度　13, 46
シュレディンガー(Schrödinger)方程式
　27, 105
衝撃波　184
衝撃波(shock)　175, 192
状態空間　46
常微分方程式　24, 41
　特性——　107
初期値問題　24, 41, 49
ジョルダン(Jordan)標準形　63
自律系　46
シンドローム(syndrome)　5, 156
推移確率　127
スケール　8, 9, 161
　——パラメタ　170
　——不変性　173
スペクトル分解　106
正準変換　98
生成作用素　60
正則　31
線形　4
　——近似　53
　——空間　4, 15
　——作用素　20
　——写像　20

タ行

対称性　90
楕円関数　55, 104
脱構築　6
単位　13, 164, 166
チャップマン-コルモゴロフ
　(Chapman-Kolmogorov)の等式
　128

超関数　195
テイラー級数展開　10
デカルト(Descartes)　2
デリダ(Derrida)　6
等重率の原理　132
当分配の原理　132
特異摂動　176, 178
特異点　31, 174
特性曲線　107, 192
独立変数　19
トポロジー　39, 159
　　関数空間の——　189

ナ 行

内積　16
ナヴィエ-ストークス(Navier-Stokes)方程式　186
ニュートン(Newton)　47
　　——の運動方程式　50
ノルム　39

ハ 行

バーガース(Burgers)方程式　183
発展方程式　105
波動方程式　86, 168
バナッハ(Banach)空間　39
ハミルトン(Hamilton)の原理　92
ハミルトン-ヤコビ(Hamilton-Jacobi)方程式　99, 108
パラメタ化　4
半群　60
非可積分　57, 82
非線形　6
非平衡　138
ヒルベルト(Hilbert)空間　40
比例関係　4, 10
フーリエ(Fourier)級数展開　40
フェルマー(Fermat)の原理　92
フォッカー-プランク(Fokker-Planck)方程式　145, 151
フォン・ノイマン(von Neumann)の定理　106
不可分条件　130
不動点　69
フラクタル　163
プラズマ　121
振り子方程式　52
分解　14
分布関数　132
ベクトル　4, 13, 45
　　——空間　4, 15
　　——算法　15
偏微分方程式　107
変分原理　92
ポアッソン(Poisson)の括弧　109
ポアンカレ(Poincaré)プロット　75
保存量　77, 87

マ・ヤ・ラ 行

マクロ　157
マルコフ(Markov)過程　127
ミキシング　121
ミクロ　157
ミクロ・カノニカル集合　133
要素　157
要素還元　2
ラグランジアン　93
ラグランジュ(Lagrange)微分　84
ランジュヴァン(Langevin)方程式　126
ランダム　125
リヤプノフ(Lyapunov)指数　115
リューヴィル(Liouville)の定理　109
リューヴィル(Liouville)方程式　109
流線　58
臨界点　33
レイノルズ(Reynolds)数　186
ローレンツ(Lorenz)方程式　28
ロジスティック写像　68

■岩波オンデマンドブックス■

非線形とは何か──複雑系への挑戦

	2008 年 1 月 25 日　第 1 刷発行
	2010 年 8 月 4 日　第 2 刷発行
	2017 年 11 月 10 日　オンデマンド版発行

著　者　　吉田善章（よしだぜんしょう）

発行者　　岡本　厚

発行所　　株式会社　岩波書店
　　　　　〒101-8002　東京都千代田区一ツ橋 2-5-5
　　　　　電話案内　03-5210-4000
　　　　　http://www.iwanami.co.jp/

印刷／製本・法令印刷

© Zensho Yoshida 2017
ISBN 978-4-00-730696-9　　Printed in Japan